·四川大学精品立项教材·

能源动力工程概论

Nengyuan dongli gongcheng gailun

主　编　莫政宇

副主编　陈云良

四川大学出版社

责任编辑:唐　飞
责任校对:蒋　玙
封面设计:墨创文化
责任印制:王　炜

图书在版编目(CIP)数据

能源动力工程概论 / 莫政宇主编. —成都：四川
大学出版社，2015.10
四川大学校级立项教材系列
ISBN 978−7−5614−9058−7

Ⅰ.①能…　Ⅱ.①莫…　Ⅲ.①能源−高等学校−教材
②动力工程−高等学校−教材　Ⅳ.①TK

中国版本图书馆 CIP 数据核字（2015）第 246407 号

书　名	能源动力工程概论	
主　编	莫政宇	
出　版	四川大学出版社	
地　址	成都市一环路南一段 24 号 (610065)	
发　行	四川大学出版社	
书　号	ISBN 978−7−5614−9058−7	
印　刷	郫县犀浦印刷厂	
成品尺寸	185 mm×260 mm	
印　张	9	
字　数	219 千字	
版　次	2015 年 11 月第 1 版	
印　次	2020 年 1 月第 3 次印刷	
定　价	28.00 元	

◆ 读者邮购本书,请与本社发行科联系。
　电话:(028)85408408/(028)85401670/
　(028)85408023　邮政编码:610065
◆ 本社图书如有印装质量问题,请
　寄回出版社调换。
◆ 网址:http://press.scu.edu.cn

前　言

　　能源是人类生存与文明的基础。作为高品质的能源种类，电力工业是一个国家经济发展的晴雨表。我国正处于经济快速发展时期，对于电力的需求也日益增长，这就需要依靠优化传统电力工业和大力发展核电及其他清洁能源和可再生能源。现阶段有包括新能源在内的多种发电形式并存，但是，水电、火电和核电一直被认为是电力工业的三大支柱。

　　本书主要从水电、火电、核电三个方面介绍能源的基本概念、水能利用概况、水能发电原理、热力发电原理、核能的安全利用及核能发电等内容。本书是针对能源动力类专业本科的入门教材，主要介绍能源动力的基本知识，意在对相关专业学生进行专业普及，所以内容力求做到图文并茂，通俗易懂。

　　本书第1章、第5章、第6章由莫政宇编写；第2章、第3章、第4章由陈云良编写；刘洪涛参与编写第5章内容；于忠斌参与编写整理第5章、第6章部分内容。全书由莫政宇统稿。

　　由于编者水平有限，书中错误和缺点在所难免，恳请读者批评指正。

编　者

2015 年 6 月

目 录

第1章　绪论

1.1　能源概论

能量是物质的动态形式，是物质运动转换的量度，是物质的重要属性之一。能量主要包括机械能、热能、电能、辐射能、化学能、核能等形式。

能源是提供能量的物质资源，自然界中凡是能够直接或经过转换而获取某种能量的自然资源都可称为能源。能源是人类生存与文明的基础。

1.1.1　能源的分类

人类可以利用的能源形式多种多样，有不同的分类方法，见表1-1。

表1-1　能源的分类

分类方法	分类	具体形式
按获得的方法分	一次能源：可供直接利用的能源	煤、石油、天然气、风能、水能等
	二次能源：由一次能源直接或间接转换而来的能源，使用方便，易于利用，是高品质能源	电、蒸汽、焦炭、煤气等
按被利用的程度分	常规能源	煤、石油、天然气、薪柴燃料，水能等
	新能源	核能、太阳能、地热能、潮汐能、生物质能等
按能否再生分	可再生能源：可重复生产的一次能源	水能、风能、潮汐能、太阳能等
	非再生能源：不能重复生产的自然能源	煤、石油、天然气等
按是否能储存分	含能体能源：可直接储存的能源	煤、石油、天然气、地热、氢等
	过程性能源：无法直接储存的能源	风能、潮汐能、电能等
按对环境的污染情况分	清洁能源：对环境无污染或污染很小	太阳能、水能、海洋能、风能等
	非清洁能源：对环境污染较大	煤、石油等

分类方法	分类	具体形式
按能量来源分	地球本身蕴藏的能源	核能、地热能等
	来自地球外天体的能源	宇宙射线、太阳能、潮汐能等

1.1.2 能源的评价

能源多种多样，各有优缺点。对于各种形式的能源，必须对其进行正确评价，才能正确选择和利用能源，这对能源局势日益紧张的人类来说尤为重要。

1. 能流密度

能流密度是指在一定空间范围内，单位面积获得的或单位质量某种能源所能产生的能量或功率。它是评价能源的最主要指标之一。显然，如果能流密度很小，就很难用作主要能源。在目前的技术水平下，太阳能和风能的能流密度很低，而各种常规能源的能流密度都比较大，其中，核燃料的能流密度最大。

2. 存储量

存储量是评价能源的另一个比较重要的指标，它是决定能源是否能成为主力能源的主要条件。在考察存储量的同时，还有必要对能源的可再生性和地理分布做出评价。我国水力、煤炭资源丰富，太阳能、风能、海洋能的存储量也比较丰富，但是分布很不均衡。我国煤炭资源多分布在西北地区，水力资源多分布在西南地区，太阳能资源多分布在西藏、新疆等地区。

3. 对环境是否友好

能源对环境的影响问题是指，随着人类的生产生活对环境日益严重的影响，能源利用过程中是否对环境造成污染，成为评价能源的一个主要指标。化石燃料对环境的污染较大；核电站运行中不会对环境造成污染，但是核废料对环境的影响问题还一直存有争议；水电开发利用过程中对生态环境存在负面影响；太阳能、氢能、风能对环境基本上没有污染，但是其利用设备在生产过程中会对环境形成间接影响。

4. 可存储性与供能的连续性

能源的可存储性是指能源不用时是否可以储存起来，需要时是否又能立即供应；供能的连续性是指能否按需要和所需的速度连续不断地供给能量。化石燃料、水能和核能容易做到可存储和连续供能，而太阳能、风能和海洋能则不可存储，供能的连续性也不好。

5. 经济性

即能源的开发利用成本。太阳能、风能不需要任何成本即可得到，但是由于技术原因，目前太阳能、风能用于发电成本较高。各种化石燃料从勘探、开采到加工都需要大量投资，利用其发电也需要比较大规模的投资和比较长的建设周期。核电站的初始投资费用高于常规化石燃料电站，而运行费用远低于常规电站。

6. 运输费用与运输损耗

能源利用还需要考虑的一个方面是运输费用与运输损耗。化石燃料的运输比较容易，按时有一定损耗，燃煤电站的燃煤运输费用的占比很大；由于能流密度大，核燃料的运输费用是煤和石油的几十分之一，损耗可忽略，所以核电站核燃料的运输费用极少；太阳能和风能比较难运输。

7. 品位问题

能源质量高低主要在于能源所提供之能量的品位有差别。机械能、电能为无限转换能量，品位最高。与机械能、电能相比，热能属于低品位能量，其品位与温度有关，温度越高则品位越高。因此，在使用能源时，要适当安排不同品位的能源。

1.1.3 新能源

近代社会，人类使用的主要是化石燃料，如煤炭、石油等。化石燃料属于不可再生能源，而且化石燃料的存储量是有限的，由此造成的能源危机问题日益尖锐。而人类的生存和发展离不开源源不断的能源供应，为此目的，人类一直在孜孜不倦地寻求新的能源利用方式，努力开发新的能源形式，尤其是清洁的、可再生的能源。

1. 核能

核能是由原子核反应而释放出来的巨大能量，包括核裂变能和核聚变能。目前技术上比较成熟且大规模利用的是核裂变能。

虽然 20 世纪 40 年代人类就已发现并开始利用核能，但核能仍然可以看为新能源之一。之所以将核能列为新能源的原因有二：一是与常规能源相比，核能利用程度远远不及常规能源；二是核能利用技术复杂，目前人类利用的核能来自可控链式裂变反应，而能量密度更巨大、数量更丰富的是核聚变能，可是直到今天人类还未掌握可控核聚变技术。

核能发电是核能利用最重要的一种方式，全世界共有 33 个国家和地区有处于运行状态的核电机组 437 台（截至 2014 年数据），核电年发电量占全球发电总量 11.5%。发达国家的核电发电量已达到发电总量的 1/3 以上。目前，新建核电主要集中在发展中国家，以亚洲增长最快。

2. 太阳能

太阳能是太阳内部连续不断的核聚变反应产生的、以电磁辐射的形式传播的能量。太阳能的利用形式主要有两种，即太阳能的光热转换利用和光电转换利用。太阳能的光热转换利用主要包括太阳能热水器、太阳能建筑和太阳能热力发电。太阳能的光电转换是太阳能直接发电，如光电池。在目前全球性的能源短缺以及环境问题日益严峻的情况下，太阳能的利用非常具有吸引力。

3. 风能

风能是大气流动而产生的能量。风是随时随地都可以产生的，但是风能有很大的不确定性，风的方向不定，风力大小不定，具有周期性、多样性和复杂性的特点。

在蒸汽轮机发明之前，风能和水能是人们广泛使用的两种能源形式。现代的风能利用形式最有意义的是风力发电，风力发电以每年平均 20% 左右的速度增长，是全球新能源中增长最快的一种。

4. 氢能

大部分含能体能源都属于不可再生能源，如化石燃料煤炭、石油等，随着化石燃料的耗量的日益增多，其存储量日益减少，人们迫切需要一种新的含能体能源来解决这个问题。氢能正是在这样的背景中出现的。

氢是自然界存在的最普遍的元素，其储量巨大。氢能可以是由于氢的热核反应释放，也可以由氢和氧化剂发生化学反应放出。前一种利用如人们熟知的氢弹，通常意义上的氢能是指后一种，典型应用包括燃氢发电、燃氢发电机和燃料电池。

5. 地热能

地热能来自地球深处。地热能的特点是其分布具有强烈的地区性，地热能分布于各种陆地构造体系，和地震活动有关，主要分布在地壳活动较活跃地区。

地热能的利用形式包括直接热利用、地热发电和地热热泵三大类。

6. 海洋能

海洋能是指依附于海水存在的能源，通常所说的海洋能主要包括潮汐能、波浪能、海洋温差能、海洋盐差能和海流能等。目前海洋能的开发利用方式及主要研究方向都是发电。

潮汐能是海水受到月球、太阳引力作用而产生的一种海水周期性的涨落现象，这是人们认识和利用最早的一种海洋能，也是海洋能开发利用目前技术最成熟的。目前潮汐能的主要利用方式是潮汐发电。潮汐发电原理与水力发电基本一致，也是利用水的机械能使水轮机转动，带动发电机发电。

波浪能是大气层和海洋相互影响产生，在风和海水重力的作用下形成周期性上下波动的波浪产生的能量。海洋波浪能总量巨大，但可供开发利用的波浪能很少，仅占总量的1%。

有势差的地方就会存在能量。海洋温差能是海洋表面与深处海水的温差而产生的能量；海洋盐差能是陆地河水与海水交界区域由于淡水、海水的盐度差而产生的能量。

海流即洋流，是海洋中的海水沿固定方向流动时会产生的海流动力。

7. 生物质能

生物质能是太阳能以化学能形式储存在生物质中的能量形式，它以生物质为载体，直接或间接地来源于绿色植物的光合作用。

生物质能转化和利用技术可以分为化学转换、物理转换和生物化学转换三大类。

生物质化学转换技术包括直接燃烧、液化、气化、热解等方法。其中最常用的是直接燃烧；直接液化可将生物质转变为生物燃油；生物质气化是在高温下将生物质从固态直接转化为可燃气体；生物质热解技术是生物质受高温加热后，产生可燃气体（一般为一氧化碳、氢气和甲烷等混合气体）、液体（焦油）及固体（木炭）的热加工过程。

生物质物理转换技术主要是指生物质压制成型技术，将农林剩余物进行粉碎烘干分级处理，在一定的温度和压力下在成型机中形成较高密度的固体物料。

生物化学转换技术是利用生物质厌氧发酵生成沼气和在微生物作用下生成酒精等能源产品，主要包括厌氧发酵制取沼气、微生物制取酒精、生物制氢、生物柴油等。

生物质能的利用和转化现在是世界性的研究热点，受到世界各国的重视。

1.2　我国能源概况

（1）我国水能、煤炭资源丰富但分布不均，油、气资源贫乏。我国的水能资源总量和可开发量均居世界第一，但是分布极不均衡，我国水能资源主要集中在长江、雅鲁藏布江、黄河和珠江水系，全国约 70% 的水能资源分布于云、贵、川、藏等西南地区；煤炭远景储量和可开采量均居世界第二，特点也是存储量丰富但分布不均，我国煤炭资源存储量主要集中在山西、陕西和内蒙古，其中华北地区占 49%，西北地区占 29.98%；石油和天然气资源比较贫乏，分列世界第 10 位和第 22 位。

（2）我国人均资源相对贫乏，仅为世界水平的 40%。我国幅员辽阔，能源资源的总存储量较大，但是由于人口基数大，所以人均资源存储量远低于世界平均水平。

（3）能源资源和生产力发展呈逆向分布，能源丰富地区远离经济发达地区，能源供需距离远。我国 2/3 以上煤炭资源分布在北方，80% 的可开发水能资源在西部地区，但是我国东部地区是经济发达地区，能源消费需求大，能源供给与需求之间有 2000 km 的距离。

我国能源生产总量及构成见表 1-2 和图 1-1。我国能源消费总量及构成见表 1-3 和图 1-2。

表 1-2　我国能源生产总量及构成

年份	能源生产总量（万吨标准煤）	原煤（%）	原油（%）	天然气（%）	水电、核电、风电（%）
1980	63735	69.4	23.8	3.0	3.8
1985	85546	72.8	20.9	2.0	4.3
1990	103922	74.2	19.0	2.0	4.8
1995	129034	75.3	16.6	1.9	6.2
1996	133032	75.0	16.9	2.0	6.1
1997	133460	74.3	17.2	2.1	6.4
1998	129834	73.3	17.7	2.2	6.8
1999	131935	73.9	17.3	2.5	6.3
2000	135048	73.2	17.2	2.7	6.9
2001	143875	73.0	16.3	2.8	7.9
2002	150656	73.5	15.8	2.9	7.8
2003	171906	76.2	14.1	2.7	7.0
2004	196648	77.1	12.8	2.8	7.3
2005	216219	77.6	12.0	3.0	7.4
2006	232167	77.8	11.3	3.4	7.5

年份	能源生产总量 （万吨标准煤）	原煤 （%）	原油 （%）	天然气 （%）	水电、核电、 风电（%）
2007	247279	77.7	10.8	3.7	7.8
2008	260552	76.8	10.5	4.1	8.6
2009	274619	77.3	9.9	4.1	8.7
2010	296916	76.6	9.8	4.2	9.4
2011	317987	77.8	9.1	4.3	8.8
2012	331848	76.5	8.9	4.3	10.3
2013	340000	75.6	8.9	4.6	10.9

注：数据来源于《中国统计年鉴2014》。

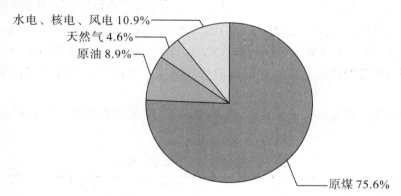

图1-1　2013年我国能源生产构成

表1-3　我国能源消费总量及构成

年份	能源消费总量 （万吨标准煤）	原煤 （%）	原油 （%）	天然气 （%）	水电、核电、 风电（%）
1980	60275	72.2	20.7	3.1	4.0
1985	76682	75.8	17.1	2.2	4.9
1990	98703	76.2	16.6	2.1	5.1
1995	131176	74.6	17.5	1.8	6.1
1996	135192	73.5	18.7	1.8	6.0
1997	135909	71.4	20.4	1.8	6.4
1998	136184	70.9	20.8	1.8	6.5
1999	140569	70.6	21.5	2.0	5.9
2000	145531	69.2	22.2	2.2	6.4
2001	150406	68.3	21.8	2.4	7.5
2002	159431	68.0	22.3	2.4	7.3

年份	能源消费总量 （万吨标准煤）	原煤 （%）	原油 （%）	天然气 （%）	水电、核电、 风电（%）
2003	183792	69.8	21.2	2.5	6.5
2004	213456	69.5	21.3	2.5	6.7
2005	235997	70.8	19.8	2.6	6.8
2006	258676	71.1	19.3	2.9	6.7
2007	280508	71.1	18.8	3.3	6.8
2008	291448	70.3	18.3	3.7	7.7
2009	306647	70.4	17.9	3.9	7.8
2010	324939	68.0	19.0	4.4	8.6
2011	348002	68.4	18.6	5.0	8.0
2012	361732	66.6	18.8	5.2	9.4
2013	375000	66.0	18.4	5.8	9.8

注：数据来源于《中国统计年鉴2014》。

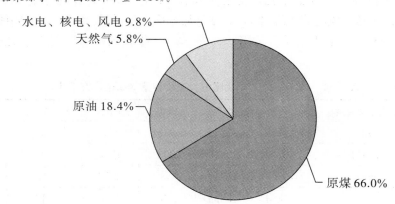

图 1-2　2013 年我国能源消费构成

　　我国是煤炭资源比较丰富的国家，统计数字显示，消费量排在前三位的依次是煤炭、石油和天然气；煤炭在我国能源生产和消费量中的比重最大，在我国能源结构中占绝对主导地位。

　　我国能源结构在逐步改善。随着石油、天然气和水电事业的发展，煤炭消费比重有所下降。由 2013 年的数据显示，煤炭在我国一次能源消费结构中占比为 66.0%，创历史新低。随着国家大力发展清洁能源，清洁能源占比大幅增长，其中以天然气消费增量最为显著，2013 年天然气消费占能源消费总量的 5.8%，较 2012 年增长 11.54%，增幅居世界首位。水电、核电、风电的比重也在逐年增加，2013 年水电、核电、风电合计占能源消费总量接近 10%。我国现在已经基本形成了"煤为基础，多元发展"的能源生产和消费结构。

　　能源的生产、消费以及能源对环境的影响应该符合可持续发展的要求，否则会威胁人类自身的生存和发展。我国未来能源结构的发展趋势是逐步降低煤炭、石油等一次能源的消费比重。我国煤炭资源储量丰富的特点决定了我国在较长时间内，煤炭仍然会是主要能源，因此要开发推广先进煤炭清洁利用技术，有效保护生态环境。我国风能、太阳能、地热能、海洋能、生物质能源蕴藏丰富，但利用率很低，开发潜力较大，需加强新能源的开发利用。此外，还需要提高可再生能源的消费比重。预计至 2050 年，我国煤炭消费将由目前的 66% 降至 40%，新能源的比重则增至 30%。

1.3 我国电力工业概况

新中国成立初期，我国电力工业基础极其薄弱，总装机容量只有 185 万千瓦，发电标准煤耗 1200 g/（kW·h），技术严重依赖国外。

由于经济的快速发展，电力需求剧增，给我国的电力工业带来难得的快速发展的时期。截至 2013 年，我国电力装机容量达到 12.6 亿千瓦，居世界首位，缓解了电力供给不足的问题。在这 12.6 亿千瓦装机容量中，火电装机容量 8.7 亿千瓦，比上年增长 6.1%；水电装机容量 2.8 亿千瓦，比上年增长 12.4%；核电装机容量 1466 万千瓦，比上年增长 16.6%；风电装机容量 7652 万千瓦，比上年增长 24.6%；太阳能发电装机容量 1589 万千瓦，比上年增长 3.7 倍。2008—2013 年我国电力装机容量见表 1-4 和图 1-3。

表 1-4　2008—2013 年我国电力装机容量（单位：万千瓦）

年份	电力装机容量	火电	水电	核电	风电	太阳能发电	其他
2008	79293	60286	17260	908	839	0	0
2009	87411	65108	19629	908	1760	3	3
2010	96642	70967	21606	1082	2958	26	3
2011	106243	76834	23298	1257	4623	212	19
2012	114675	81968	24947	1257	6142	341	20
2013	125768	87009	28044	1466	7652	1589	8

注：数据来源于《中国统计年鉴 2014》。

截至 2012 年，全国发电量 49875.5 亿千瓦时，其中火电发电量 38928.1 亿千瓦时，占全部发电量的 78.1%；水电发电量 8721.1 亿千瓦时，占全部发电量的 17.5%；核电发电量 973.9 亿千瓦时，占全部发电量的 2.0%。水电、核电、风电等清洁能源的发电量比重逐步上升。我国电力生产分布情况见表 1-5。

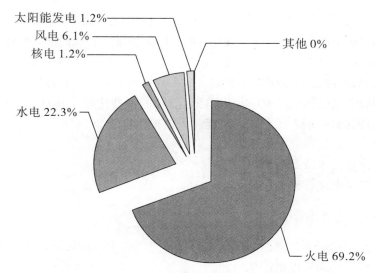

图 1-3　2013 年我国电力装机容量构成

表 1-5　我国电力生产分布情况（单位：亿千瓦时）

年份	火电		水电		核电		风电		其他		总量
	绝对值	占比	绝对值	占比	绝对值	占比	绝对值	占比	绝对值	占比	
1990	4944.8	79.6%	1267.2	20.4%							6212.0
1995	8043.2	79.8%	1905.8	18.9%	128.3	1.3%					10077.3
2000	11141.9	82.2%	2224.1	16.4%	167.4	1.2%			22.6	0.2%	13556.0
2005	20473.4	81.9%	3970.2	15.9%	530.9	2.1%			28.1	0.1%	25002.6
2010	33319.3	79.2%	7221.7	17.2%	738.8	1.8%	446.2	1.1%	345.6	0.8%	42071.6
2011	38337.0	81.3%	6989.5	14.8%	863.5	1.8%	703.3	1.5%	236.9	0.5%	47130.2
2012	38928.1	78.1%	8721.1	17.5%	973.9	2.0%	959.8	1.9%	292.6	0.6%	49875.5

注：数据来源于《中国统计年鉴 2014》。

1.3.1　我国火电行业概况

火力发电是利用化石燃料的化学能燃烧转化为热能来发电，火力发电厂一般是指采用汽轮发电机组发电的电厂。

我国的能源结构特点决定了我国电力工业以火电为主，而火电行业又以燃煤为主要动力来源，我国每年煤炭占发电燃料总量的 70% 以上。我国煤炭资源丰富，但在地域分布上极不均衡，煤炭资源在地理分布上呈"西多东少，北富南贫"的格局。受煤炭产区及用电需求影响，我国火电装机容量以华北、华东、华中比例最高，这三大区域火电装机容量占全国总量的 70% 以上。

火电装机容量和发电量在我国电力能源结构中一直占有绝对优势。

我国火电行业以国有和国有控股企业为主，中国华能集团公司（华能）、中国大唐集团公司（大唐）、中国华电集团公司（华电）、中国国电集团公司（国电）和中国电力投资集团公司（中电投）五大国有发电集团约拥有全部发电资产的 50%，占据了半壁江山。

我国火电近期发展的特点如下：

(1) 关停效率低、污染严重的小火电机组。

(2) 加快发展大容量、高参数的国产化火电机组。

(3) 推动洁净煤发电技术的发展。

(4) 用现代化技术改造老旧机组。

(5) 天然气发电建设初具规模。

1.3.2 我国水电行业概况

水力发电是利用河流、湖泊等位于高处具有势能的水流至低处，将其所含势能转换成水轮机的动能，推动发电机产生电能。

我国水能储量及可开发水能资源均处于世界首位。但是由于地形、气候等因素的影响，我国的水能资源分布很不均匀，西南地区集中了大约 70% 的可开发水能资源。我国水能资源另外一个突出特点是水力资源集中在大江、大河干流，这有利于建设水电基地，实行战略性集中开发。

我国水电装机容量和发电量在我国电力行业中居第二位。

水电作为可再生的清洁能源，在我国能源发展史中占有极其重要的地位。进入 21 世纪，随着电力体制改革的推进，我国水电进入加速发展时期。2004 年，以公伯峡水电站 1 号机组投产为标志，我国水电装机容量突破 1 亿千瓦，超过美国成为世界水电第一大国。2010 年，以小湾水电站 4 号机组投产为标志，我国水电装机容量突破 2 亿千瓦。举世瞩目的三峡工程，更是世界上最大的综合水利枢纽。

目前，我国不但是世界水电装机容量第一大国，也是世界上在建水电站规模最大、发展速度最快的国家，我国已逐步成为世界水电创新的中心。我国水电建设工程技术走在了世界前列，三峡、龙滩、水布垭、溪洛渡等水电站的建设，解决了水电工程领域中一系列的超高难技术。

1.3.3 我国核电行业概况

核能发电是利用原子核发生反应时释放的巨大能量来发电。具体过程是冷却剂流经反应堆载出原子核反应释放的热量，利用该热量产生蒸汽带动汽轮发电机组发电。

核电与火电、水电一起，并称为世界电力工业的三大支柱。

我国核电站集中分布在东南沿海，内陆有拟建核电站但还未开工建设。我国一次能源分布极不均衡，能源丰富地区远离经济发达地区，能源供需距离远。煤炭资源主要分布在北部，水资源主要分布在西部，而我国电力负荷中心在经济发达的东南沿海区域，因此核电站主要分布在此区域。

我国核电生产全部为国有企业垄断。目前我国的主要核电企业有中国核工业集团公司（中核集团）和中国广东核电集团公司（中广核集团）。中核集团下属的核电企业主要包括秦山核电公司、三门核电公司、江苏核电公司、福建福清核电公司。中广核集团是我国唯一以核电为主业的中央企业，集团下属的核电企业主要包括大亚湾核电运营公司、岭澳核电有限公司、岭东核电有限公司、阳江核电有限公司、辽宁红沿河核电有限公司、福建宁德核电有限公司。

第 2 章　水能

2.1　水能资源

2.1.1　水资源与水能资源

　　水是地球上一切生物赖以生存的重要自然资源。广义上的水资源是指能够直接或间接使用的各种水和水中物质，对人类活动具有使用价值和经济价值的水均可称为水资源。水资源的开发利用受经济、技术、社会和环境条件的制约。狭义上的水资源是指在一定经济技术条件下，人类可以利用的水源。

　　水能资源与水资源是不同的。广义上的水能资源是指水体的动能、势能和压力能等能量资源，包括河流水能、潮汐水能、波浪能、海流能等。狭义上的水能资源主要是指河流水能资源。本课程中主要涉及河流水能的基本知识。

　　水能资源来源于太阳能。地球上的水蒸发成水蒸气，在天空中水蒸气又凝聚成雨雪降至大地，通过江河又流入海洋，在自然界周而复始地循环。水能资源是一种取之不尽、用之不绝的能源。通过水力发电可方便地转换为优质的二次能源——电能。水力发电不消耗水量，无污染、清洁，运行成本低。开发水能资源对缓解由于消耗煤炭、石油资源所带来的环境污染有重要意义，因此世界各国都把水能利用放在能源发展战略的优先地位。

2.1.2　水能资源状况

　　世界各大洲水能资源的分布情况，见图 2—1。

　　理论蕴藏量没有考虑河流分段长短、水文数据选择、地形地质资料及淹没损失条件等因素的影响，也没有考虑水能转变为电能的各种效率和损失。根据河流的地形、地质条件，进行河流梯级开发规划，技术上、经济上可开发水电站的总装机容量，即为可开发的水能资源。显然，随着人类科学技术、社会经济的发展，可开发容量将会不断增加。

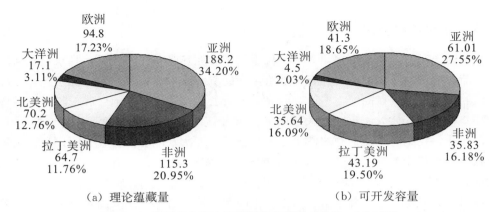

（a）理论蕴藏量　　　　　　（b）可开发容量

图 2-1　世界各大洲水能资源分布情况（单位：10^4MW）

　　一些国家的水能资源如图 2-2 所示。可以看出，无论是理论蕴藏量，还是可开发容量，我国水能资源均居世界首位。

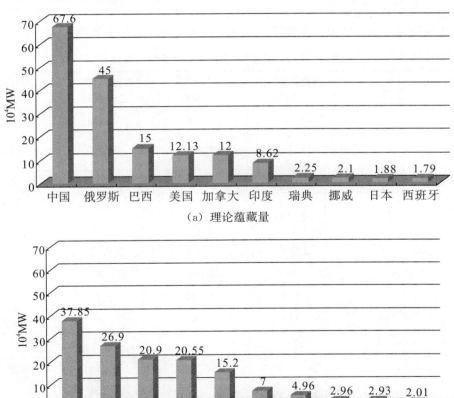

（a）理论蕴藏量

（b）可开发容量

图 2-2　一些国家的水能资源

2.1.3 我国水能资源

我国国土辽阔,河流众多,大部分位于温带和亚热带季风气候区,降水量和河流径流量丰沛。地形西部多高山,并有世界上最高的青藏高原,许多河流发源于此,东部则为江河的冲积平原,在高原与平原之间又分布着若干高原区、盆地区和丘陵区。地势的巨大高差,使大江、大河形成极大的落差,如径流丰沛的长江、黄河等落差均有 4000多米。因此,我国的水能资源非常丰富。按全国第五次水能资源普查查明,我国大陆水能资源理论蕴藏量为 6.76 亿千瓦,相应的理论年发电量为 5.92 万亿千瓦时;台湾水能蕴藏量为 0.12 亿千瓦,相应的理论年发电量为 1028 亿千瓦时。

我国水能资源总量十分丰富,但以国土面积平均,每平方千米的可开发容量,我国仅居第 11 位;以人口平均,我国的位次更低,只有世界平均值的 70% 左右。

我国水能资源分布不均匀。表 2-1 列出我国大陆水能资源按水系分布情况。可以看出,我国水能资源主要集中在长江、雅鲁藏布江、黄河和珠江水系。最丰富的长江水系,水能资源主要分布在干流中上游,以及乌江、雅砻江、大渡河、汉水、资水、沅江、湘江、赣江、清江等众多支流上。

表 2-1 我国大陆水能资源按水系分布情况

水 系	理论蕴藏量（10^4 MW）	可开发容量（10^4 MW）	年发电量（亿千瓦时）	所占比例（%）
长江	26.802	19.724	10274.98	53.4
雅鲁藏布江及西藏其他河流	15.974	5.038	2969.58	15.4
西南沿海诸河	9.690	3.768	2098.68	10.9
黄河	4.055	2.800	1169.91	6.1
珠江	3.348	2.485	1124.78	5.8
东南沿海诸河	2.067	1.390	547.41	2.9
北方内陆及新疆诸河	3.499	0.997	538.66	2.8
东北诸河	1.531	1.370	439.42	2.3
海河、滦河	0.294	0.213	51.68	0.3
淮河	0.144	0.066	18.94	0.1
全国（未含台湾）	67.604	37.853	19233.04	100.0

图 2-3 为我国大陆水能资源按地区分布情况,也表明我国水能资源分布不均衡。由于我国地形特征为西高东低,主要河流多发源于西南高原。全国约 70% 的水能资源集中在西南地区,可开发的大型、特大型水电站 70%~80% 分布在云、贵、川、藏西南四省。由于用电负荷主要集中在东部沿海地区,这种水能资源分布和电力负荷分布的不均衡,客观上限制了我国水能资源的开发利用。

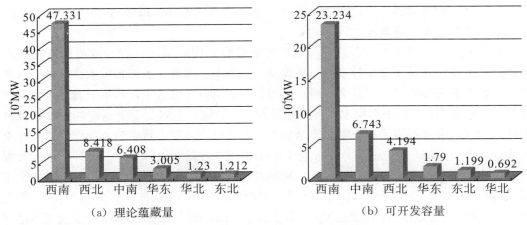

图 2-3　我国大陆水能资源按地区分布情况

为了合理、有效地开发利用水能资源，实现我国资源优化配置，提出了流域梯级滚动开发，全国规划了十三大水电基地，包括：①金沙江水电基地；②雅砻江水电基地；③大渡河水电基地；④乌江水电基地；⑤长江上游水电基地；⑥南盘江、红水河水电基地；⑦澜沧江干流水电基地；⑧黄河上游水电基地；⑨黄河中游水电基地；⑩湘西水电基地；⑪闽、浙、赣水电基地；⑫东北水电基地；⑬怒江水电基地。

2.2　水能开发利用

2.2.1　水能利用

在重力作用下，水流沿着具有一定坡降的河床流动，高处的水蕴藏着势能，如果这种能量没有加以利用，当水流向低处流动时，则水能消耗在克服水流的黏性、摩擦、冲刷河床和携带泥沙等方面。为了利用水能资源，可采取工程措施，对河流进行控制和改造，即修建各种形式的水电站，将水能这种一次能源转换成二次能源——电能。

水电站主要由水库、引水道和厂房等组成。为了利用水能发电，需要将天然河流的落差集中起来，并对天然流量进行控制和调节，形成所需要的水头和流量，这是水力发电的必备条件。要集中河流落差，可以拦河筑坝提高水位，通过较长的引水道集中水头，或者二者结合。水流从引水道至水电站厂房，经水力发电机组的水轮机、发动机，以及结合相应的控制、输配电装置等，将水能先转换为机械能，再转换为电能。

通过水库径流调节以提高发电效益，是水能利用的一个重要方面。水库具有储存和调节水量的功能，对径流在时间、空间上进行重新分配，达到兴利、除害的目的，借以满足国民经济各用水部门的需要，提高水量的利用率。径流调节按调节的周期长短分为日调节、年调节和多年调节。习惯上将为了削减洪峰而进行的调节，称为洪水调节。洪水调节是当上游发生洪水时，通过泄洪设施将洪水宣泄到下游，这既保证了水库及电站的安全，又使泄洪量不超过下游河道的安全流量，以保护下游城镇、工矿企业和农田的安全。为此，赋有调洪任务的水电站必须有足够的调洪库容，以及与之配套的溢洪道、泄洪洞（孔）等泄水建筑物。

水能利用是一项系统工程，它与水资源的综合利用联系在一起。河流的开发和利用，除水力发电外，还有多种水利经济效益，如防洪、灌溉、航运、供水、旅游、水产等。各种水利开发的特点、要求不同。例如，农业灌溉耗水量大，若从上游取水，会减少发电用水流量；若从下游引水，虽可以先发电，但灌区范围又会受高程的限制，且两者的需水量和用水时间也有不同。防洪要求水库有较大容量，每年汛期前应尽量放低水库水位，以容纳汛期到来的洪水。这势必会影响汛期前的发电和农灌。另外，水库大坝的高程也受诸多因素的影响。例如，三峡大坝越高，库容越大，可以提高发电容量，还能改善长江上游的航运条件，扩大坝上地区的灌溉面积，提高长江下游的防洪标准。但大坝越高，淹没的土地越多，需要移民的人数也多。此外，还涉及鱼类洄游和船只过坝等诸多问题。因此，水能的开发和利用必须结合国民经济发展的需要、水资源的条件等，系统开展流域规划、电力规划等，协调发电与其他用水部门之间的关系，统筹安排、提高利用效率。

2.2.2 我国水能开发前景

我国早在 4000 多年前就开始兴修水利。随着农业的发展，促使与之紧密联系的水利工程获得迅速发展。至春秋战国时期，我国水利建设有相当规模，技术水平也比较先进，如四川都江堰水利枢纽、广西灵渠工程、安徽芍陂灌溉工程等。古代的水利工程主要用于防洪、灌溉、航运等。

我国现代水力发电建设的起步较晚、发展较慢。我国台湾省在 1905 年修建了第一座、装机容量为 600 kW 的龟山水电站。1910 年大陆第一座水电站石龙坝水电站开工，1912 年建成，最初装机容量 480 kW，经多次改造最终装机容量 6000 kW，至今仍在运行。到 1949 年年底，我国水电装机容量仅为 16.3 万千瓦。

伴随着新中国的成长，我国水电事业发展迅猛，建设了一大批水电工程，规模不断扩大。到 20 世纪 80 年代初，全国总装机容量发展到约 2000 万千瓦。这期间的代表性水电工程有：

新安江水电站，装机容量 66.25 万千瓦，1960 年首台机组投产发电；

新丰江水电站，装机容量 29.25 万千瓦，1960 年首台机组投产发电；

盐锅峡水电站，装机容量 44 万千瓦，1961 年首台机组投产发电；

柘溪水电站，装机容量 44.7 万千瓦，1962 年首台机组投产发电；

丹江口水电站，装机容量 90 万千瓦，1968 年首台机组投产发电；

刘家峡水电站，装机容量 122.5 万千瓦，1969 年首台机组投产发电；

龚嘴水电站，装机容量 70 万千瓦，1972 年首台机组投产发电；

三门峡水电站，装机容量 25 万千瓦，1973 年首台机组投产发电；

德基水电站（台湾省），装机容量 23.4 万千瓦，1974 年首台机组投产发电；

碧口水电站，装机容量 30 万千瓦，1976 年首台机组投产发电；

凤滩水电站，装机容量 40 万千瓦，1978 年首台机组投产发电；

乌江渡水电站，装机容量 63 万千瓦，1979 年首台机组投产发电；

葛洲坝水电站，装机容量 271.5 万千瓦，1981 年首台机组投产发电；

白山水电站，装机容量 150 万千瓦，1983 年首台机组投产发电。

受国民经济条件制约，20 世纪 80 年代初，我国水能资源开发利用率较低，仅约 5%。改革开放后，随着我国经济的不断发展，水电开发呈现出加速发展的趋势。经过 20 年的发展，2000 年装机容量增加约 6000 万千瓦，全国总装机容量达到约 8000 万千瓦，这期间的代表性水电工程列于表 2-2 中。

表 2-2　我国 20 世纪 80 年代至 2000 年的代表性水电工程

工程	首台机组投产发电时间	所在省（自治区）河流	装机容量（万千瓦）	坝型及坝高（m）	总库容（亿立方米）
龙羊峡水电站	1987	青海，黄河	128	重力拱坝，高 178	247
东江水电站	1987	湖南，耒水	50	双曲拱坝，高 157	91.5
鲁布革水电站	1988	云南，黄泥河	60	堆石坝，高 103.8	1.11
安康水电站	1990	陕西，汉江	80	重力坝，高 128	25.8
岩滩水电站	1992	广西，红水河	121	重力坝，高 110	33.5
天生桥水电站	1992	广西，南盘江	252	混凝土面板堆石坝，高 180	108
隔河岩水电站	1993	湖北，清江	120	重力拱坝，高 151	34
水口水电站	1993	福建，闽江	140	重力坝，高 100	29.7
漫湾水电站	1993	云南，澜沧江	150	重力坝，高 132	9.2
五强溪水电站	1994	湖南，沅水	120	重力坝，高 85.83	42.9
东风水电站	1994	贵州，乌江	57	双曲拱坝，高 162.3	10.16
宝珠寺水电站	1996	四川，白龙江	70	重力坝，高 132	25.5
李家峡水电站	1997	青海，黄河	200	双曲拱坝，高 155	16.5
二滩水电站	1998	四川，雅砻江	330	双曲拱坝，高 240	58

截至 1999 年年底，全国已建、在建的大中型水电站 220 座，100 万千瓦以上的大型水电站 20 座。总体来看，虽然水电装机容量增加较快，但水能资源开发利用率并不高。截至 1997 年年底，按水电总装机容量计算，开发率仅为 14.7%，不但低于世界平均开发率的 22%，而且远低于发达国家的开发率，如美国为 63%，日本为 66%，加拿大为 53%，挪威为 87%。按水能资源开发程度年发电量计算，我国只有 9.7%，也低于世界水平的 15.5%。2000 年前，全国水力发电量仅占技术可开发利用量的 11%，远低于世界工业化国家的开发率。

进入 21 世纪，党中央提出西部大开发、西电东送的战略任务，我国水能资源开发步入了一个前所未有的黄金时期。2000 年后投产的水电站中，有不少工程在规模、技术、难度方面都是世界之最。

1. 世界上装机容量最大——三峡水电站

三峡水电站 1994 年正式动工兴建，2003 年开始蓄水发电，2009 年全部完工，各项规模都堪称世界之最。三峡水电站分为左、右岸电站，两岸又各分两个电厂，初期规划装 26 台 70 万千瓦的水轮发电机组，总装机容量 1820 万千瓦。其中，左一、二电厂分别为 8 台、6 台机组，右一、二电厂各 6 台机组，年平均发电量 847 亿千瓦时。随后又在右岸大坝"白石尖"山体内建设地下电站，安装 6 台 70 万千瓦的水轮发电机组，加上自身的 2 台 5 万千瓦的电源电站，总装机容量达到 2250 万千瓦。三峡水电站年平均发电量约 1000 亿千瓦时，约占全国水力发电量的 20%，占全国年平均发电总量的 3%。

除巨大的发电效益外，三峡水电站还是世界上防洪效益最为显著的水利工程。三峡大坝为混凝土重力坝，坝长 2335 m，底宽 115 m、顶宽 40 m，坝顶高程 185 m。大坝坝体可抵御万年一遇的特大洪水，最大下泄流量可达 10 万立方米每秒。三峡水库正常蓄水位 175 m，全长 600 多千米，水面平均宽度 1.1 km，总面积 1084 km^2，总库容 393 亿立方米，防洪库容 221.5 亿立方米，调节能力为季调节型。三峡水库能有效控制长江上游洪水，使下游荆江大堤的防洪能力，由防御十年一遇的洪水提高到抵御百年一遇的大洪水，大大增强了长江中下游的抗洪能力。

三峡工程位于长江上游与中游的交界处，能充分改善重庆至武汉的通航条件，通航能力从原来的每年 1000 万吨提高到 5000 万吨，满足长江上中游航运事业远景发展的需要。三峡双线 5 级船闸，总水头 113 m，是世界上级数最多、总水头最高的内河船闸。升船机最大升程 113 m，升船吨位 3000 t，船箱带水重达 11800 t，是世界上规模最大、难度最高的升船机。

2. 世界上最高碾压混凝土重力坝——龙滩水电站

龙滩水电站位于红水河上游的广西天峨县境内。大坝为碾压混凝土重力坝，最大坝高 216.5 m，为目前世界最高，坝顶长 836.5 m，坝体混凝土方量 736 万立方米。龙滩水电站还有规模最大的地下厂房，长 388.5 m、宽 28.5 m、高 74.4 m；提升高度最高的升船机，最大提升高度 179 m，两级分别提升 88.5 m、90.5 m。

龙滩水电站总装机容量 630 万千瓦，安装 9 台单机容量 70 万千瓦的水轮发电机组，年平均发电量 187 亿千瓦时。水库正常蓄水位 400 m，总库容 273 亿立方米，防洪库容 70 亿立方米。龙滩水电站分两期建设，一期装机 7 台，共 490 万千瓦。2001 年 7 月 1 日主体工程正式开工，2007 年 7 月首台机组发电，2009 年 12 月一期 7 台机组全部投产发电。

3. 世界上最高拱坝——锦屏一级水电站拱坝

锦屏一级水电站位于四川省凉山彝族自治州盐源县和木里县境内，是雅砻江干流下游河段（卡拉至江口河段）的控制性水库梯级电站。锦屏一级水电站大坝为混凝土双曲拱坝，坝高 305 m，为世界第一高双曲拱坝。

锦屏一级水电站安装 6 台单机容量 60 万千瓦的机组，总装机容量 360 万千瓦，枯水年枯期平均出力 108.6 万千瓦，多年平均年发电量 166.2 亿千瓦时。水库正常蓄水位 1880 m，死水位 1800 m，总库容 77.6 亿立方米，调节库容 49.1 亿立方米，属年调节水库。2012 年 11 月 30 日，拥有世界最高拱坝的锦屏一级水电站正式开始蓄水，2013 年 8 月首批 2 台机组投产发电，至 2014 年 7 月，电站 6 台单机容量 60 万千瓦的机组全部投产发电。

　　同样拥有 300 m 级双曲拱坝的小湾水电站，位于云南省南涧县与凤庆县交界的澜沧江中游河段，是澜沧江中下游水电规划"两库八级"中的第二级，上游为功果桥水电站，下游为漫湾水电站。小湾水电站大坝为混凝土双曲拱坝，最大坝高 294.5 m，坝顶高程 1245 m，坝顶长 922.74 m，拱冠梁顶宽 13 m、底宽 69.49 m，2010 年 3 月 8 日，大坝全线浇筑封顶。小湾水电站以发电为主，兼有防洪、灌溉、拦沙及航运等综合利用效益，总库容 149 亿立方米。电站装设 6 台单机容量 70 万千瓦的机组，总装机容量 420 万千瓦，电站保证出力 185.4 万千瓦，年保证发电量 190 亿千瓦时。小湾水电站于 2002 年 1 月 20 日正式开工，2009 年 9 月首台机组投产，至 2010 年 8 月，电站 6 台机组全部投产发电。

　　4. 世界上最大规模水工隧洞——锦屏二级水电站引水隧洞

　　锦屏二级水电站位于四川省凉山彝族自治州木里、盐源、冕宁三县交界处的雅砻江干流锦屏大河湾上，是雅砻江卡拉至江口河段五级开发的第二座梯级电站。锦屏二级水电站利用雅砻 150 km 锦屏大河湾的天然落差，截弯取直开挖隧洞引水发电，4 条引水隧洞长约 16.6 km，开挖洞径 13m，为世界最大规模的水工隧洞。

　　锦屏二级水电站坝址位于锦屏一级下游 7.5 km 处，厂房位于大河湾东端的大水沟。电站安装 8 台单机容量 60 万千瓦的机组，总装机容量 480 万千瓦，多年平均年发电量 242.3 亿千瓦时。2012 年 12 月，锦屏二级水电站首台机组发电，2014 年 11 月，最后一台机组宣布正式投产运行。

　　5. 世界上最高的面板坝——水布垭水电站

　　水布垭水电站位于长江湖北段支流清江的中游，以发电为主，兼顾防洪、航运等，是清江梯级开发的龙头工程。大坝为混凝土面板堆石坝，坝顶高程 409 m、最大坝高 233 m，为目前世界上最高的面板坝。水库总库容 45.8 亿立方米，正常蓄水位 400 m，相应库容 43.12 亿立方米。

　　水布垭水电站装机 4 台，总装机容量 184 万千瓦，年平均发电量 39.85 亿千瓦时。水布垭水电站 2002 年 2 月批准开工，2007 年 7 月首台机组发电，2008 年 7 月 4 台机组全部投产发电。

　　6. 西部大开发的标志性工程——瀑布沟水电站

　　瀑布沟水电站位于四川省雅安市汉源县和凉山州甘洛县境内，是国家"十五"重点工程和西部大开发标志性工程。瀑布沟水电站是大渡河流域水电梯级开发的下游控制性水库工程，以发电为主，兼有防洪、拦沙等综合效益的特大型水利水电枢纽。水库正常蓄水位 850 m，总库容 53.9 亿立方米，其中调洪库容 10.56 亿立方米，调节库容 38.82 亿立方米。工程对大渡河下游河段深溪沟、龚嘴、铜街子、沙湾四个电站起到了极好的调节作用，发电能力明显增强。

　　目前，我国还有一大批新建、在建、规划的巨型水电站。金沙江下游的四级水电站：乌东德水电站装机 12 台，单机容量 72.5 万千瓦，总装机容量 870 万千瓦；白鹤滩水电站安装 16 台机组，单机容量将达到 100 万千瓦，总装机容量 1600 万千瓦；溪洛渡水电站安装 18 台单机容量 77 万千瓦的机组，总装机容量 1386 万千瓦，仅次于三峡水电站和巴西的伊泰普水电站，2014 年 6 月，溪浴渡水电站所有机组全部投产；向家坝水电站安装 8 台单机容量 80 万千瓦的水轮发电机组，总装机容量 640 万千瓦，2014 年 7 月，我国第三大水电站向家坝水电站全部机组投产发电。

金沙江中游拟定了一库八级开发方案，即上虎跳峡水电站、两家人水电站、梨园水电站、阿海水电站、金安桥水电站、龙开口水电站、鲁地拉水电站和观音岩水电站，8 座巨型电站的总装置容量为 2058 万千瓦。

自 2004 年我国水电装机容量突破 1 亿千瓦后，全国新增水电装机容量突飞猛进，每年都有相当于半个三峡装机容量的水电站投产发电。我国是世界上水能资源最丰富的国家，但与发达国家相比，水力资源开发利用的潜力还很大。

水电是能源结构中不可或缺、不可替代的国家战略资源。作为可再生的清洁能源，可较好地替代化石燃料等越来越稀缺的能源，改善自然环境。开发水能既提供了能源，又解决了水利防洪等国计民生问题，是国民经济可持续发展的重要保障。根据"十二五"（2011—2015）规划，水电被放在电力发展的第一位，开工规划目标为 5000 万千瓦，到 2020 年，中国水电投产目标预计将达到约 4.3 亿千瓦。

第 3 章　水电站

3.1　水电站枢纽

为了开发水能资源，必须采取工程措施修建各种水工建筑物控制、协调水流，以实现水力发电及其他综合任务。从发电目的来讲，这些水工建筑物所组成的综合体称为水电站枢纽，一般包括以下主要建筑物。

1. 挡水建筑物

拦截河流的挡水建筑物是最重要的水工建筑物之一，主要作用是壅高水位、集中落差，形成水库、调节径流，从而有效利用水能资源。

2. 泄水建筑物

泄水建筑物的主要作用是宣泄洪水，放水供下游使用，将水库水位降低或放空等。对泄水建筑物首先要求有足够的泄洪能力，控制、操作设备可靠，能够及时、有效地泄洪消能，以保证水电站枢纽及下游的安全。

3. 引水建筑物

引水建筑物主要包括进水、引水及尾水等建筑物。进水建筑物将水引入引水道，如有压、无压进水口。引水建筑物将发电用水从水库输送到水力发电机组，对具有较长引水道的引水式水电站，引水建筑物还有集中落差的功能。尾水建筑物主要将发电用过的水排入下游河道。对一些具有长引水或长尾水系统的水电站，还有平水建筑物，如有压引水道中的调压室、无压引水道中的压力前池等。

4. 发电建筑物

发电建筑物主要包括发电、变电及配电等建筑物，即安装水轮发电机组及其辅助设备的厂房、安装变压器的变压器场以及安装高压配电装置的高压开关站，统称为厂房枢纽。

5. 其他建筑物

根据实际需要，对水电工程可能还要求有过船、过鱼、过木等其他功能。修建挡水建筑物后，阻隔了天然河道，必然影响船只通航、鱼类洄游，为此需专门修建能够让船、鱼顺利过坝的建筑物，如通航的船闸、升船机，过鱼的鱼道等。

图 3-1 为大渡河铜街子水电站枢纽布置，工程以发电为主，兼顾漂木、灌溉和改善通航条件。河道右边的泄水建筑物为混凝土溢流坝，兼有挡水功能，右岸设过木筏

道，采用两级筏闸。发电建筑物为河床式厂房布置在左侧，紧靠混凝土重力坝段下游，构成左岸挡水坝段。大渡河铜街子水电站装有 4 台单机容量 15 万千瓦的轴流转浆式水轮发电机组。

图 3—1 大渡河铜街子水电站枢纽布置

3.2 挡水建筑物

挡水建筑物主要有拦河坝、拦河闸。坝的类型种类繁多，可以从不同的角度去划分。按受力情况分，有重力坝、拱坝、支墩坝等；按建筑材料分，有土石坝、堆石坝、浆砌石坝、混凝土坝、橡胶坝等；按坝顶是否过水分，有溢流坝、非溢流坝。以下主要介绍工程中应用较为广泛的三种坝型。

3.2.1 重力坝

重力坝主要依靠自身重量在地基上产生的抗滑力来抵抗坝前水推力，以维持稳定。根据受力特点、稳定需要，重力坝的基本剖面为三角形，根据实际需要设计成复式梯形，如图 3—2（a）（b）所示。沿坝轴线重力坝分成若干段，坝段间沿垂直轴线方向设伸缩横缝。过去一般采用浆砌石材料，现在多为混凝土重力坝，可以建在一般条件的岩基上，对地形、地质的适应能力较强。

坝体完全被混凝土充实是重力坝的常见形式，另外有坝段间横缝扩宽为空腔的宽缝重力坝、坝内设置大型纵向空腔的空腔重力坝。根据施工方法不同，分为浇筑式混凝土重力坝和碾压式混凝土重力坝。

重力坝是一种古老的坝型，由于结构简单、安全可靠、便于施工，至今仍然被广泛应用。世界上已建最高的重力坝是瑞士的大狄克桑斯坝，坝高 285 m。我国三峡工程为重力坝，坝高 181 m，如图 3—2（c）所示。

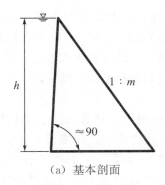

（a）基本剖面

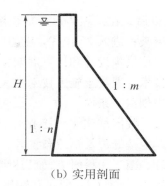

（b）实用剖面

（c）三峡重力坝

图 3－2　重力坝

3.2.2　拱坝

　　拱坝在水平面上呈拱形，拱圈凸向上游，两端支承在左、右岸岩石上。上游水推力的大部分经拱的作用传到两岸岩石，利用拱端基岩的反作用来支承，如图 3－3（a）所示。拱坝支承在两岸岩石上，要求岩体坚硬完整，能提供足够的反力，对坝址处的地质条件要求较高。目前拱坝的建筑材料多采用混凝土。

　　与重力坝相比，拱坝不需要依靠自身重量来维持稳定，利用了拱形建筑物的受力特点，并充分发挥了混凝土抗压强度高的性能。因此，拱坝是一种经济性和安全性都很好的坝型。拱坝几何形状的主要参数有拱弧半径、拱中心角、圆弧中心沿高程的迹线和拱厚等。按拱弧半径和拱中心角，拱坝分为单曲拱坝和双曲拱坝，如图 3－3（b）（c）所示。单曲拱坝在竖向剖面的上游面是垂直的，适用于河道断面接近矩形或较宽梯形；双曲拱坝在水平和垂直方向上均呈拱形，主要适建在断面为上宽下窄或 V 形的山区性河流上。

　　拱坝结构具有优越的受力、稳定条件，修建拱坝具有悠久的历史。早在 13 世纪末，伊朗修建了一座高 60 m 的砌石拱坝。到 20 世纪，拱坝设计理论和施工技术有了较大的进展；50 年代以后，在拱坝体形、复杂坝基处理、坝顶溢流和坝内开孔泄洪等重大技术上有了新的突破；进入 70 年代，随着计算机技术的发展，有限单元法和优化设计技术的逐步采用，使拱坝设计和计算周期大为缩短，设计方案更加经济合理。随着水工及结构模型试验技术、混凝土施工技术、大坝安全监控技术的不断提高，也为拱坝的工程技术发展和改进创造了条件。

近几十年来，我国修建了许多拱坝，在设计理论、计算方法、结构形式、泄洪消能、施工导流、地基处理及枢纽布置等方面都有很大进展，积累了丰富的经验。在高拱坝的勘测、设计、施工和科研方面已达到一个新的水平。2010 年建成高 292 m 的小湾水电站拱坝，如图 3-3（d）所示。锦屏一级水电站的混凝土双曲拱坝坝高达 305 m，2013 年 12 月大坝全线到顶，主体工程完工，为目前世界最高拱坝，如图 3-3（e）所示。

3.2.3　土石坝

土石坝是一种最古老的坝型，其中，以土料和砂砾料为坝体的称为土坝，以石碴渣、卵石、块石为主的称为堆石坝，土料和石料均占相当比例的称为土石混合坝。土石坝取材于坝址附近，来源直接、方便，运输成本低，也称当地材料坝。土石坝基本原理与重力坝类似，主要也是依靠自身重量挡水，剖面形状一般为梯形或复式梯形，如图 3-4（a）所示。

土石坝坝体主要包括坝身、防渗体、排水设备和护坡。坝身是土石坝的主体，用来维持大坝的稳定、保护防渗体。防渗体的作用是减少渗透水量、防止渗透变形，主要有心墙、斜墙、斜墙＋铺盖、心墙＋截水墙、斜墙＋截水墙等形式。排水设备用于排除坝体渗水、增强下游坝坡的稳定，主要有棱体排水、贴坡排水、褥垫排水和综合式排水等形式。护坡为防止波浪淘刷、降雨冲刷等对坝坡的破坏。

土石坝为土料或石料填筑的散粒结构，因此适应地基变形的能力强，对地基的要求在各种坝型中是最低的。不足方面主要有：坝身不能泄洪，施工导流不如混凝土坝方便，坝体填筑量大且受气候影响大。随着大型施工机械、土力学和岩石理论的发展，土石坝筑坝技术发展较快，特别是结合混凝土面板，促成了一批高土石坝的建设。黄河小浪底水电站的心墙土石坝，高 154 m。清江水布垭水电站的混凝土面板堆石坝，最大坝高达 233 m，如图 3-4（b）所示。目前，土石坝是应用最为广泛和发展最快的一种坝型。

相对而言应用较少的其他坝型，例如，支墩坝由一系列支墩和盖板组成，盖板形成挡水面，将水压传递给支墩，再通过支墩将荷载传给地基，可分为平板坝、大头坝和连拱坝三种类型；用闸门控制水位、调节流量的闸坝，主要应用于引水式水电站首部枢纽、低水头河床式水电站等。

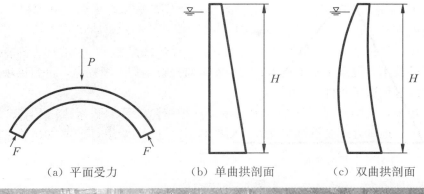

（a）平面受力　　　（b）单曲拱剖面　　　（c）双曲拱剖面

（d）小湾双曲拱坝

（e）锦屏一级双曲拱坝

图 3-3 拱坝

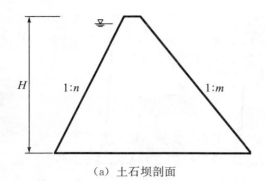

（a）土石坝剖面　　　　　（b）水布垭水电站混凝土面板堆石坝

图 3-4　土石坝

3.3　泄水建筑物

根据布置位置不同，泄水建筑物可分为河床式和河岸式。河床式泄水建筑物与坝身合为一体，兼有挡水的功能，主要有溢流坝、坝身泄水孔等。河岸式泄水建筑物布置在河岸侧，位置灵活，主要适用于河床狭窄、难以满足枢纽布置要求的工程。常用的泄水建筑物有溢流坝、溢洪道、泄水隧洞等。溢流坝属通过坝顶溢流的重力坝，既能挡水，又可宣泄洪水，结构可靠、泄流能力大。

3.3.1　岸边溢洪道

岸边溢洪道应用广泛，常用于以下几种情况：

（1）坝型不适宜坝身过水，比如挡水建筑物为土石坝。

（2）当河谷狭窄而要求泄流量很大时，坝身布置溢洪道在结构上有一定困难，为保证安全泄洪，可以采用岸边溢洪道。

（3）如果河岸一侧在地形上有天然垭口，高程合适，地质上又有抗冲性能好的岩基。

岸边溢洪道多为地面开敞式，以堰流方式泄水，超泄能力较大，可大大减少洪水翻坝漫顶的可能性。岸边溢洪道通常由进水段、控制段、泄水段、消能段等组成，如图3-5所示。进水段起进水、调整水流的作用。控制段堰顶常设闸门控制，以增大水库的调洪能力，并便于调度运行。泄水段有泄槽、隧洞两种形式。消能段一般用挑流或水跃消能，然后下泄水流与下游河道衔接。岸边开敞式溢洪道检查方便、运行安全可靠，能充分利用地形，减少土石方开挖量。

岸边溢洪道可以分为正常溢洪道和非常溢洪道。正常溢洪道按满足宣泄设计洪水标准要求设计，非常溢洪道用于宣泄出现概率较小的特大洪水。岸边溢洪道按结构形式不同，可分为正槽溢洪道、侧槽溢洪道、井式溢洪道和虹吸溢洪道等。

（1）正槽溢洪道：溢洪道泄槽与溢流堰轴线正交，过堰水流与泄槽轴线方向一致。通常由引渠段、控制段、泄槽段、消能段及尾渠段等组成，是应用最广的形式。

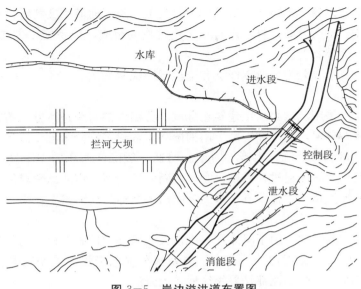

图 3-5 岸边溢洪道布置图

（2）侧槽溢洪道：溢洪道泄槽与溢流堰轴线接近平行，水流过堰后在侧槽段转向约90°，再经泄槽泄入下游。通常由溢流堰、侧槽、泄水道及消能段等组成。

（3）井式溢洪道：水流从平面呈环形的溢流堰的四周向中心汇入，再经竖井、隧洞泄入下游。通常由溢流喇叭口、渐变段、竖井、弯段、泄水隧洞及消能段等组成。

（4）虹吸溢洪道：利用虹吸作用，使水流翻越堰顶的虹吸管，再经泄槽泄入下游。

3.3.2 泄水隧洞

泄水隧洞属地下水工建筑物，按隧洞内的水流状态不同，可分为有压隧洞和无压隧洞。有压隧洞运行时洞内充满水流，洞壁周边承受一定的内水压力。有压隧洞没有自由水面，易于控制水流流态，但需要有较好的地质条件来抵抗水压力。无压隧洞运行时洞内有自由水面、洞顶不承受内水压力，水流流态相对较为复杂。

泄水隧洞主要结构包括用以控制水流的进口段，用以泄放、输送水流的洞身段，以及用以连接消能设施的出口段。泄水隧洞的进口大多处于水下，为深式进口。隧洞承受较大的水压力，流速较高，易发生空化水流，导致空蚀破坏。隧洞出口能量相对较为集中，应采取适宜的防空蚀和消能措施。

深式泄水隧洞的泄流能力与作用水头的 1/2 次成正比，水头增大时泄流量增加相对较慢，超泄能力不如开敞式溢洪道，但进水口水位低，可以提前泄水，提高水库的利用效率，通常配合溢洪道泄水、防洪。

3.3.3 施工导流

在修建水利水电工程时，前期用围堰围护基坑，将河道通过预定方式绕过施工场地，把水流导向下游，从而实现水工建筑物能在干地上进行施工，称为施工导流。施工导流是水利水电工程中十分重要的工程措施，导流方案关系到整个工程施工的工期、方法、造价和安全度汛等。影响施工导流的因素较多，除了河流水文特性，地形、地质条件、施工期过流、交通等要求外，还与水工建筑物的组成，以及施工方法、施工布置、当地材料供应条件等有关。

施工导流方式主要分为分段围堰法和全段围堰法两大类。

1. 分段围堰法

分段围堰法就是用围堰将水工建筑物分段、分期维护起来进行施工的方法，也称为分期围堰法。所谓分段，就是在空间上用围堰将永久建筑物分为若干段进行施工；所谓分期，就是在时间上将导流分为若干时期。前期一般围住河床的左岸（或右岸）或两岸，使水流从束窄的河床通过；后期再完全截断河流，使河水从已建成的泄水建筑物通过。在分段围堰导流布置中，垂直于水流方向的围堰称为横向围堰，平行于水流方向的围堰称为纵向围堰。

分段围堰法导流一般适用于河床宽、流量大、工期较长的工程，尤其适用于通航河流和冰凌严重的河流，在国内外一些大、中型水利水电工程中采用较多。我国的新安江、葛洲坝和三峡等水电工程都是采用这种导流方法。

2. 全段围堰法

全段围堰法就是在河床主体工程的上、下游各建一道断流围堰，使水流经河床以外的临时或永久泄水道通过，主体工程的泄水建筑物建成或接近建成时，再将临时泄水道封堵。全段围堰法适用于狭窄河道、土石坝工程等，在山区河流上应用较多，如二滩、溪洛渡等大型水电工程。

按泄水建筑物类型分，主要有明渠导流、隧洞导流，以及涵洞、坝体底孔、梳齿和缺口过流、涵管导流等导流方式。

3.4 引水建筑物

通常把专门用于发电的引水道、厂房及开关站等附属建筑物，称为水电站建筑物。引水建筑物将发电用水自水库输送给水轮发电机组，然后再把发电用过的水排入下游河道，主要包括进水口、引水道、前池或调压室、压力管道、尾水道等。

3.4.1 进水口

进水口的功能是根据需要引进发电用水，是水电站引水系统的首部。进水口应满足一些基本要求，例如，在各工作水位下，有足够的进水能力；能拦截泥沙、污物及冰块等进入引水道，保证水质符合发电要求；进水口应设置闸门可以控制流量，在事故时能快速截断水流；流道平顺，水头损失要小。同时，还要满足水工建筑物结构、施工、运行等其他要求。

按水流条件不同，水电站进水口分为无压进水口和有压进水口两大类。

1. 无压进水口

无压进水口以引表层水为主，水流为明流，进水口后接无压引水建筑物，一般用于无压引水式水电站。汛期漂浮物、树枝、泥沙等顺流而下，因此无压进水口的拦污、防淤问题较为突出。无压进水口一般布置在河流凹岸，进水口前设置拦沙坎，定期冲沙将淤沙排走，以便引进表层清水，避免回流引起淤积。

2. 有压进水口

有压进水口以引深层水为主，水流为有压流，进水口后一般接有压隧洞或管道。有压进水口通常由进口段、闸门段及渐变段等组成。按其布置特征不同，可分为坝式、岸式和塔式。

（1）坝式进水口依附在上游坝体内，成为统一整体。利用坝体前空间布置进水口，结构紧凑，经济合理，方便运行操作，但对坝体应力分布和大坝施工有一定影响。

（2）岸式进水口位于河岸上，后接引水隧洞，主要有竖井式和岸墙式。竖井式进水口在隧洞进口附近的岩体中开挖竖井，闸门安置在竖井中，顶部布置启闭机及操作室，一般适用于地质条件较好、岩体完整、山坡坡度适宜、易于开挖平洞和竖井的情况。岸墙式进水口的进口段、闸门段位于岸坡岩体之外，紧靠岩坡成为整体，承受水压及山岩压力，适用于地质条件差、山坡较陡、不宜扩大断面和开挖竖井，以及地形条件不宜采用竖井式进水口的情况。

（3）塔式进水口的进口段、闸门段及上部框架形成一个塔式结构，耸立在水库之中，通过工作桥与岸边或坝顶相连。塔式进水口可一边或四周进水。当地材料坝、进口处山岩较差、岸坡又比较平缓情况下可采用塔式进水口。

3.4.2　引水道

引水道将水流输送到压力管道、引入机组，然后将发电后的水流排到下游河道，主要功能是集中落差，形成发电水头。按工作条件和水力特性不同，分为无压引水道和有压引水道。无压引水道具有自由水面，承受的水压不大，适用于河道或水库水位变化不大的无压引水式水电站。有压引水道内为压力流，承受的水压力较大，适用于河道或水库水位变幅较大的有压引水式水电站。

按结构形式不同，引水道可分为引水渠道、引水隧洞。

1. 引水渠道及压力前池

水电站的引水渠道与一般灌溉、供水渠道不同。当电网负荷变化时，作为调峰的水电站的功率随之变化，引用流量也相应变化，因此，通常把水电站引水渠道称为动力渠道。引水渠道应满足以下基本要求：

（1）有足够的输水能力。为使引水渠道能适应由于负荷变化而引起的流量变化要求，渠道必须有合理的纵坡、糙率和断面尺寸等。

（2）水质要符合要求。为防止有害的泥沙、污物等进入渠道，渠道进口、沿线及渠末都要采取拦污、防沙、排沙措施。

（3）运行安全可靠。应尽可能减少输水过程中的水量、水头损失。渠道内水流速度要小于不冲流速而大于不淤流速，既达到防冲、防淤，同时还要有防渗、防草、防凌等功能，以保证水电站安全运行。

压力前池是连接无压引水道与压力管道的建筑物，一般由池身、压力管道进水口、泄水建筑物、排沙建筑物等组成。其主要作用包括以下几个方面：

（1）平稳水压、平衡水量。当机组负荷变化时，引用流量改变使渠道中的水位产生波动，由于前池有较大的容积，可减少渠道水位波动的振幅，以及反射压力管道中的水锤波，稳定了发电水头。另外，压力前池还可起到暂时补充不足水量和容纳多余水量的作用，以适应引用流量的改变。

（2）均匀分配流量。从渠道中引来的水经过压力前池能够均匀地分配给各压力管道，管道进口设有控制闸门，并使水头损失最小。

（3）当电站停止运行时，向下游供给流量。

（4）拦阻污物和泥沙。压力前池设有拦污栅、拦沙、排沙及防凌等设施，防止渠道中漂浮物、冰凌、有害泥沙进入压力管道，保证水轮机正常运行。

2. 引水隧洞

从功用上来分，水电站发电隧洞分为引水隧洞和尾水隧洞。根据隧洞的工作条件，又可分为无压隧洞和有压隧洞，无压隧洞的工作条件与引水渠道类似。与引水渠道相比，引水隧洞有如下优点：

（1）可以避开不利的地形、地质条件，采用较短的路线。

（2）能适应较大幅度的水位变化，以及发电引用流量的加快变化。

（3）沿程没有水质污染，水量损失相对较小，运行安全可靠。

引水隧洞的主要缺点是对地质条件的要求较高，施工技术难度相对较大，工期较长。隧洞线路选择是设计的重要内容，关系到隧洞的造价、施工难易程度、施工安全、工程进度和运用可靠性等。洞线的选择要和进水口、调压室、压力管道及厂房位置联系起来综合考虑，必须在认真勘测的基础上拟定不同的方案，进行技术经济比较后确定。在满足水电站枢纽总体布置的前提下，隧洞线路布置的总原则是：洞线短、弯道少，沿线的工程地质、水文地质条件要好，并便于布置施工平洞。

常见的隧洞断面形式有圆形、城门洞形、马蹄形及高拱形等。地质条件较好时，无压隧洞断面常采用城门洞形，洞顶和两侧围岩不稳时采用马蹄形，洞顶岩石很不稳定时采用高拱形；有压隧洞多采用圆形断面。

3.4.3　调压室

水电站在运行中会遇到电力负荷的瞬时变化。输电线或母线短路、设备故障及建筑物事故等，可能引起机组丢弃全部或部分负荷。水电站担任调峰时，有可能要求机组短时间内带上或丢弃较大负荷。在此情况下，必然引起有压引水系统中流量的瞬时变化，从而导致压力管道中出现压力波动，这种现象称为水击（也称水锤）现象。

水电站紧急停运时，机组前的水流受到突然阻挡，在惯性的作用下，上游水体还会继续流动，导致下游水体受到压缩，管壁发生膨胀变形，表现为管道压力升高。压力升高最先在机组前，随后形成压力波迅速向上游传播，传到水库时压力升高突然消失。在惯性作用下水压降低，产生负压力波，并在管道内反向向下游传播。如此，升压、降压的水击波往返在引水管道内传播，在管道摩阻和水流内摩擦的作用下，水击波逐渐消耗，最终消失。水流流量越大，管线越长，水体的惯性力也就越大。关机时间短，水击压力就会很大，有可能引起管道爆裂的严重事故。因此，对于有压引水管线较长的长引水式电站，必须考虑减小水击压力的措施。

为改善压力管道中的水击现象，常在厂房附近引水道与压力管道衔接处建造调压室。调压室扩大断面面积和带自由水面，能有效截断水击波的传播，相当于把引水系统分成了两段。调压室上游（或下游）的引水道可以避免水击压力的影响，水击波主要就在压力管道中传播，缩短了传递长度，从而可以减小压力管道中的水击值。因此，长引水发电系统中设置调压室，可以改善水电站在负荷变化时的运行条件。

根据其功用，调压室应满足以下基本要求：

（1）调压室应尽量靠近厂房，缩短压力管道的长度，以减小管道中的水击压力。

（2）调压室应有合适的断面尺寸，以保证水击波能充分反射。

（3）在机组负荷变化时，调压室水体波动、衰减，工作必须是稳定的。

（4）正常运行时，水流经过调压室底部的水头损失要小。

（5）工作安全可靠，便于施工，经济合理。

调压室是改善有压引水系统、水电站运行条件的一种可靠措施。由于设置调压室需增加较大的工程投资和维护费，特别对于低水头电站，在整个引水系统造价中，调压室可能占相当大的比例。是否设置调压室，应进行引水系统与机组的调节，保证计算和运行条件，同时考虑水电站在电力系统中的作用、地形及地质条件，压力管道的布置等因素，进行技术经济比较。

按调压室与厂房相对位置的不同，可分为以下几种基本方式。

（1）上游调压室（引水调压室）：调压室布置在厂房上游的引水道上，适用于上游有较长有压引水道的情况，是应用最为广泛的一种，如图 3-6（a）所示。

（2）下游调压室（尾水调压室）：当厂房下游尾水隧洞较长时，需设置尾水调压室。当水电站丢弃负荷后，机组流量减少，尾水调压室可以向尾水隧洞补水，防止丢弃负荷时产生过大的负水击，因此应尽可能靠近机组，如图 3-6（b）所示。

（3）上、下游双调压室：当厂房上、下游都有较长的压力引水道时，需要在上、下游均设置调压室，以减小水击压力、改善机组运行条件，如图 3-6（c）所示。

按调压室的结构形式的不同，可分为以下几种基本形式。

（1）简单式：调压室自上而下具有相同的断面，如图 3-7（a）所示。简单式调压室结构形式简单，反射水击波的效果好。缺点是调压室水位波动幅度大，衰减慢，水流流经调压室底部时水头损失较大。

（2）阻抗式：把简单式调压管底部收缩成孔口或设置连接管，就成为阻抗式调压室，如图 3-7（b）所示。阻抗孔能消耗流入、流出调压室的部分能量，因此可以减小水位波动幅度，加快衰减，但反射水击波的效果不如简单式调压室。

（3）双室式：调压室竖井的断面较小，上、下分别设置一个断面较大的储水室，如图 3-7（c）所示。水位上升时，上室可以发挥蓄水作用，以限制最高涌波水位。水位下降至下室时，下室可以补充水量，以限制最低涌波水位。双室式调压室适用于水头较高、水位变幅较大的水电站。

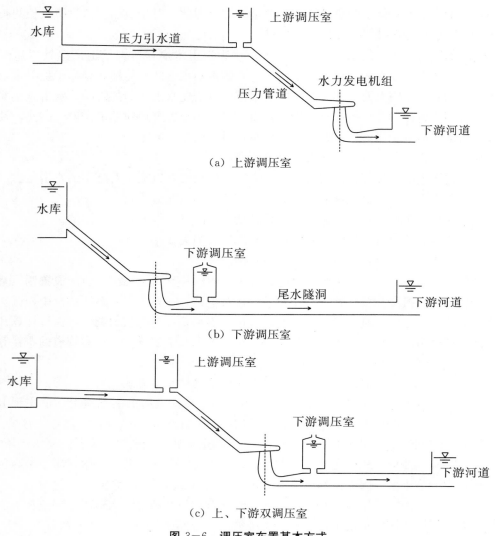

（a）上游调压室

（b）下游调压室

（c）上、下游双调压室

图 3-6　调压室布置基本方式

（4）溢流式：在调压室顶部设有溢流堰，水位到顶自动溢流，可以限制水位继续升高，如图 3-7（d）所示。溢流式调压室若增设下室，可有效提高限制水位下降的作用。

（5）差动式：差动式调压室由两个直径不同的圆筒组成，中间的圆筒直径较小，称为升管，外面的圆筒称为大井。升管顶部设溢流堰，底部设阻力孔，分别与大井相通，如图 3-7（e）所示。差动式调压室综合了阻抗式和溢流式的优点。机组丢弃负荷时，引水道内的水先进入升管，并快速上升至顶部向大井溢水，可以实现快速反射水击波的作用。同时，部分水流通过下部阻力孔流入大井，由于大井断面面积大，水位上升缓慢，从而可以限制大井水位波动的幅度。升管、大井经过几次水位重复波动，水位差逐渐减小，最终稳定在同一水位。差动式调压室的反射水击波的效果好，水位稳定快，断面尺寸相对较小；缺点是结构复杂，造价较高。

（6）气垫式：把调压室设计为密闭洞室，下部为水体，水面以上空间充满压力空气，如图 3—7（f）所示。当调压室水位波动时，利用空气的压缩、膨胀作用，可以减小调压室水位涨落的幅度。气垫式调压室适用于高水头、引水道深埋的水电站，对地质条件要求较高。

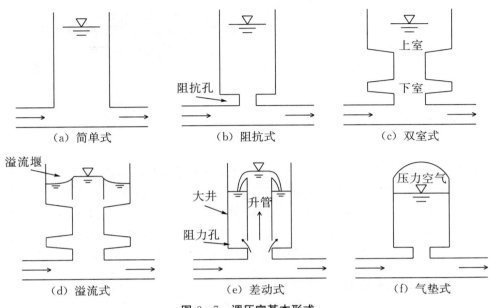

图 3—7　调压室基本形式

3.4.4　压力管道

压力管道是从水库、引水道末端的压力前池或调压室，将有压的水流引入水轮机的输水管。其特点是集中了水电站大部分或全部的水头，坡度较陡、内水压力大，还要承受动水压力的冲击（水锤压力），且靠近厂房，一旦破坏会严重威胁厂房的安全。

由于压力管道安全性、经济性的重要意义，对其材料、设计方法和加工工艺等都有特殊要求。大中型水电站的压力管道多采用钢管，也称压力钢管，中小型水电站的压力管道也有采用混凝土水管的。

根据地形、地质条件，以及总体布置要求，压力管道常用的布置方式有以下几种。

（1）露天明管：压力管道直接暴露在大气中，管壁承受水压力等荷载。

（2）地下埋管：地下埋管埋入岩土中，材料有钢管、混凝土管等。

（3）坝身管道：压力管道依附于坝身，包容在坝体上、下游及内部，由坝体混凝土与管道共同承担内水压力，也称坝内埋管。坝身压力管道多用于坝后式水电站。

压力管道向多台机组供水时，布置方式主要有以下三种：

（1）单元供水，即单管单机，每台机组都有一条压力管道供水。该布置方式无岔管，结构简单，易于制作，工作可靠，灵活性好。当某根管道检修或发生事故时，只影响一台机组工作，其他机组照常工作。由于管道在平面上所占尺寸大，造价相对较高。单元供水适用于单机流量大或长度短的地下埋管或明管，混凝土坝身管道也常用这种供水方式。

（2）联合供水，即一管多机，一根主管向多台机组供水，在厂房前分岔，在进入机组前的每根支管上设置阀门。联合供水的管线少，容易布置，造价较低，但单管规模大、分岔管多，一旦主管道检修或发生事故时，需全厂停机。联合供水适用于引水管道较长、机组台数少、单机流量小的引水式水电站。

（3）分组供水，即多管多机，设多根主管，每根主管向数台机组供水，在进入机组前的每根支管上设置阀门。分组供水介于单元、联合两种供水方式之间，适用于引水道较长、机组台数多、单机流量较小的地下埋管和明管。

3.5　水电站厂房

水电站厂房是以水轮发电机组及各种辅助设备为服务中心，实现水能转换为机械能进而转换为电能，并输入电网，包括水工、机械和电气的综合体。厂房中主要安装有水轮机、发电机和各种辅助设备等，一般包括主厂房、副厂房、变压器和高压开关站等。水电站厂房需满足主、辅设备的布置要求，以及安装、运行和维修的需要，保证发电质量，同时为运行人员创造良好的工作环境。建筑物的造型还应与自然环境协调。

3.5.1　水电站厂房类型

按水电站的开发方式、枢纽布置及水轮发电机组的不同形式，厂房类型有各种不同的划分方法。根据厂房在水电站枢纽中的位置，以及结构受力特点，主要有以下几种基本类型。

1. 地下式厂房

在地面上找不到合适的位置建造厂房，而地下有良好的地质条件时，可以把厂房布置在地下山体内，称为地下式厂房。对于地下式厂房，应充分考虑通风、照明、排水、防潮和防噪等问题。

2. 地面式厂房

地面式厂房布置在合适的地表面上，主要形式有以下几种。

（1）河床式厂房：厂房位于河床中，并与进水建筑物成为一体起挡水的作用。河床式厂房的水头较低，机组引用流量较大。长江上的葛洲坝水利枢纽工程，就是目前我国装机容量最大的河床式厂房。

（2）坝后式厂房：厂房紧靠坝体下游布置，引水道直接穿过坝体进入机组，称为坝后式厂房。三峡水电站就是采用了坝后式厂房。

（3）坝内式厂房：厂房布置在坝体空腹内，在坝顶设溢洪道，称为坝内式厂房。坝内式厂房能充分利用坝体的强度，可省掉厂房的混凝土工程量，但对坝体施工的质量要求较高，主要适用于混凝土重力坝、混凝土拱坝等。江西上犹江水电站厂房是我国第一座坝内式厂房。

（4）河岸式厂房：厂房与坝体有一定的距离，布置在下游河道岸边，称为河岸式厂房，适用于中、高水头的情况。

3.5.2 水电站厂区的组成

集合水电站发电、变电和配电等建筑物的区域称为水电站厂区，主要由厂房、主变压器场、高压开关站和内外交通四部分组成。通常将这些建筑物集中布置在一起，统称为水电站厂房枢纽。

水电站厂房包括主厂房和副厂房。主厂房内安装水轮发电机组，将水能转变为电能，是厂房的主体。为安装、检修主厂房内的机电设备需要设置安装间或装配场，一般位于主厂房的一端，并成为主厂房的一部分。布置各种机电控制设备和辅助设备的房间，以及运行管理人员的工作用房，统称为副厂房，副厂房通常围绕主厂房布置。

安装升压变压器的地方称为主变压器场。开关站安装高压开关、高压母线和保护措施等电气装置，通常布置在厂房附近的露天场地上。根据枢纽布置和地形条件的不同，变压器场和开关站可以分开布置，也可连在一起布置，布置在一起时，称为升压变电站。它们的作用是将发电机出线端电压升高至规定要求的电压，并经调度分配后送向电网。

3.5.3 水电站厂房的组成

根据厂房内的机械、电气设备，大致可以分为以下五个系统。

（1）水流系统：将水能转变为机械能的一系列过流设备，包括压力钢管、进水阀、水轮机引水室、水轮机转轮、尾水管和尾水闸门等。

（2）电流系统：发电、变电、配电的电气一次回路系统，包括发电机、发电机引出线、母线、电压配电装置、主变压器、高压开关及各种电缆等。

（3）电气控制设备系统：控制水电站运行的电气设备，包括机旁盘、励磁设备、中央控制室等，以及各种互感器、表针、继电器、控制电缆、自动及远动装置、通信及调度设备等。

（4）机械控制设备系统：包括水轮机的调速设备如操作柜、油压装置和接力器，以及进水阀、拦污栅和各种闸门的操作控制设备等。

（5）辅助设备系统：为机组安装、检修、维护、运行所必需的各种机电辅助设备。包括油、气、水三大系统，以及起重设备、厂用电系统等设备。

从结构组成来看，水电站主厂房在垂直面上一般分为三层，即发电机层、水轮机层和尾水管层。有些发电机层与水轮机层间高差较大时，常在其间增设发电机出线的中间层。发电机层装有各种控制开关、调速器、机旁盘等，要求便于对外交通。

3.6 其他形式水电站

抽水蓄能电站和潮汐电站是近些年来发展较快的两种水电站类型。

3.6.1　抽水蓄能电站

电力系统中的负荷是随时变化的，有些类型电站，如火电、核电，难以适应负荷的迅速改变。电能在生产过程中无法进行有效的存储，调节灵活的水电站可以在系统中承担调峰任务。另外，核电站一旦启动就要求均荷连续运行，这时除常规水电站外，还需要具有发电、储能双重功能的抽水蓄能电站联网运行，以提高整个电网的经济效益。

抽水蓄能电站在系统低负荷，如夜间时，能利用电网中其他电站生产的多余电能，通过可逆式水泵水轮机或水泵，将下水库的水抽蓄到上水库，等到系统出现尖峰负荷、电力不足时，上水库水流经水轮机到下水库，生产出电能以满足调峰的要求。因此，抽水蓄能电站一般有上、下两个水库，厂房内装有抽水和发电功能的机组。

最早的抽水蓄能电站采用了单独的抽水机组和发电机组，曾被称为四机式机组，以后发展到将一台水泵和一台水轮机分别连接在电动发电机的一段或两端，组合为三机式机组。随着技术进步，发展为可以双向运行的可逆式水泵水轮机，一个方向运作时作为水泵抽水，另一个方向工作时作为水轮机发电，电动发电机兼做电动机和发电机，这种机组称为二机式机组。可逆式机组具有结构简单、造价低、工程量少等优点，已成为现代抽水蓄能电站的主要机型。

我国已建成的大型抽水蓄能电站有：广州抽水蓄能电站，装机容量 1200 MW；北京十三陵抽水蓄能电站，装机容量 800 MW；河北潘家口抽水蓄能电站，装机容量 210 MW等。

3.6.2　潮汐电站

海洋水体受太阳、月球引力的影响，海水水位会发生周期性的涨落运动，称为潮汐现象。利用海水涨落形成的潮汐水位差发电的电站称为潮汐电站，可单项或双向发电。潮汐电站的水头较低、流量较大，采用贯流式机组，厂房与河床式厂房类似。

潮汐能虽有周期性的间歇，但具有较好的规律性，离用电中心的沿海城市较近，可以有计划地并入电网运行。修建潮汐电站无淹没损失、移民等问题。缺点是施工条件复杂，工程量相对较大，单位千瓦的造价较常规水电站昂贵，一般需要具有优良地形和地质的海湾。

朗斯潮汐电站位于法国圣玛珞湾朗斯河口，平均潮差8.5 m，最大潮差 13.5 m，安装 24 台涨落潮双向发电的灯泡贯流式水轮发电机组，总装机容量 240 MW。我国江厦潮汐电站位于浙江省温岭市乐清湾北端江厦港，平均潮差 5 m，最大潮差 8.4 m，安装 5 台涨落潮双向发电的灯泡贯流式水轮发电机组，总装机容量 3.9 MW。

第4章 水力发电动力系统

水轮机与发电机通过主轴连接成为整体，先由水轮机将水能转换为旋转机械能，再经主轴带动发电机又将旋转机械能转换成电能。因此，水轮发电机组是水力发电动力系统的核心，是水电站最重要的设备。

4.1 水轮机类型

根据转换水流能量方式的不同，水轮机分为反击式和冲击式两大类型。

4.1.1 反击式水轮机

反击式水轮机工作时水流通过转轮叶片流道，始终是连续充满整个转轮区的有压流动，并在转轮空间曲面叶片的约束下，连续不断地改变流速的大小和方向，与此同时，水流给叶片反作用力，驱动转轮旋转。在水流通过反击式水轮机过程中，动能和势能的大部分都被转换成转轮的旋转机械能。

根据转轮结构特征和水流特点，反击式水轮机又可以分成混流式、轴流式、斜流式和贯流式。

1. 混流式水轮机

水流进入混流式转轮时，从四周沿径向进入，然后内折转向90°，从轴向（重力方向）流出转轮，如图4-1所示。

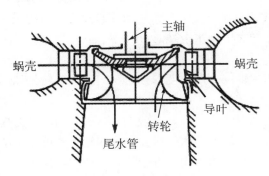

（a）混流式水轮机剖面图

（b）向家坝水电站混流式水轮机转轮

图4-1 混流式水轮机

混流式水轮机结构简单，运行效率高、稳定，应用水头范围较广，一般在 30～500 m，是应用最广泛的一种水轮机。目前国内单机最大容量已经达到 800 MW，安装在向家坝水电站、溪洛渡水电站等。白鹤滩水电站安装单机容量达 1000 MW 的混流式水轮发电机组。

2. 轴流式水轮机

轴流式水轮机水流在导叶与转轮之间由径向流动转变为轴向流动，经过转轮时流动始终保持为轴向，如图 4-2 所示。

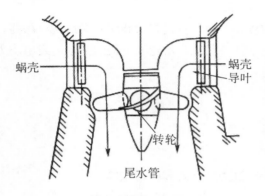

（a）轴流式水轮机剖面图　　　　（b）深溪沟水电站轴流式水轮机转轮

图 4-2　轴流式水轮机

轴流式水轮机适用于中低水头、大流量，水头范围一般在 10～80 m。目前轴流式水轮机的最大单机容量为 190 MW，安装在大渡河下游最后一个梯级的安谷水电站上，瑞典吕勒奥河上的利加 3 号电站单机容量为 187 MW。国内已运行的葛洲坝水电站单机容量为 170 MW、125 MW，大渡河深溪沟水电站单机容量为 165 MW。

根据叶片随转轮整体旋转运行时，能否调节叶片的安放角度，分为轴流定桨式水轮机和轴流转桨式水轮机。轴流定桨式的叶片固定在转轮上，在偏离设计工况时，叶片不能适应水流条件的改变，因此效率会急剧下降。轴流转桨式的叶片能根据工况的改变调整其在转轮上的安放角，从而可以适应水流条件的变化，扩大了高效率的范围和提高了运行的稳定性。轴流定桨式水轮机结构相对简单、造价低，一般用于水头变化幅度较小、出力不大的水电站。轴流转桨式水轮机需要有一套操作叶片运转的机构，结构较为复杂，一般用于水头、出力有较大变化幅度的大中型水电站。

3. 斜流式水轮机

水流在斜流式水轮机转轮区内，沿着与主轴成一定角度的方向斜向流经转轮，如图 4-3 所示。

斜流式水轮机的适用水头范围在轴流式和混流式之间，一般在 40～200 m，是为提高轴流式水轮机的应用水头而改进提出的机型。斜流式水轮机大多为转轮叶片可以调节的斜流转桨式，具有较宽的高效率区。由于叶片操作机构为复杂的倾斜结构，加工工艺要求和造价均较高，目前斜流式水轮机的应用较少。

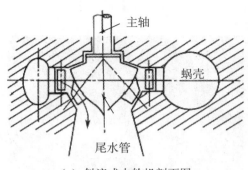

（a）斜流式水轮机剖面图　　　　　（b）斜流式水轮机转轮

图 4—3　斜流式水轮机

4．贯流式水轮机

贯流式水轮机的流道近似为直筒状，主轴为水平卧式，叶片也是分成可调节和固定两种，如图 4—4 所示。

贯流式水轮机的适用水头较低，一般小于 25 m，主要用于开发平原地区河流、沿海潮汐等低水头水能资源。贯流式水轮机主要有轴伸式、竖井式和灯泡式，其中灯泡贯流式应用最广泛。目前我国最大的灯泡贯流式水轮机单机容量为 57 MW，安装在广西红水河桥巩水电站上，黄河炳灵水电站单机容量为 48 MW。

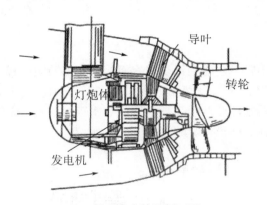

（a）贯流式水轮机剖面图　　　　（b）桥巩水电站贯流式水轮机转轮

图 4—4　贯流式水轮机

4.1.2　冲击式水轮机

冲击式水轮机利用喷嘴把钢管引来的高压水流变为具有动能的高速自由射流，射流冲击转轮的部分轮叶，驱动转轮旋转，从而将水流的大部分动能转化为机械能。在此过程中，转轮始终处于空气中，射流附近压力近似为大气压。

按射流冲击转轮方式的不同，可以分为水斗式、斜击式和双击式三种。

1．水斗式水轮机

水斗式水轮机也称为切击式水轮机，转轮四周装有若干呈双碗状的水斗，中间设分水刃，以便将射入的水流分开，并从两边排走，从喷嘴出来的自由射流沿转轮圆周切线方向垂直冲击水斗，如图 4-5 所示。

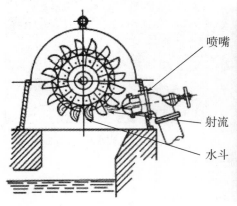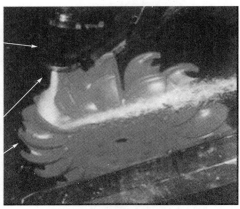

（a）水斗式水轮机剖面 　　　　　　　　（b）水斗式水轮机

图 4-5　水斗式水轮机

受结构强度和气蚀等条件的限制，水头超过 400 m 时，混流式水轮机已不适用。水斗式水轮机在大气压下工作、不受气蚀影响，适用于高水头、小流量水电站，大型水斗式的水头范围一般在 300～1700 m。目前奥地利莱塞克水电站水斗式水轮机的水头达 1767 m，我国四川苏巴姑水电站水斗式水轮机的设计水头为 1175 m，广西天湖水电站的设计水头为 1022 m。

2. 斜击式水轮机

斜击式水轮机从喷嘴出来的自由射流不是沿转轮圆周切向，而是沿着与转轮旋转平面成一定角度的方向，从转轮一侧进入斗叶再从另一侧流出，如图 4-6 所示。斜击式水轮机转轮采用单曲面斗叶，从斗叶流出的水体会产生飞溅现象，效率较水斗式水轮机低，多用于中小型水电站，适用水头一般在 20～300 m。

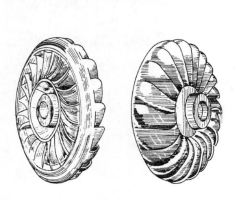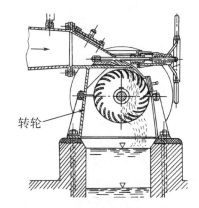

图 4-6　斜击式水轮机转轮 　　　　　　图 4-7　双击式水轮机剖面

3. 双击式水轮机

双击式水轮机的转轮为带有轮叶的圆筒，轮叶固定于两端的圆盘上，喷嘴为矩形孔口，如图 4-7 所示。从喷嘴出来的射流第一次冲击轮叶时，将大部分能量传给转轮，水流在内部空间下落后再次冲击轮叶，将剩余能量传给转轮。双击式水轮机结构简单，但效率较低、轮叶强度差，水头范围一般在 5～100 m，主要应用于单机容量较小的农村小型水电站。

4.2　水轮机工作参数

描述水轮机运行过程中的特征数据，称为水轮机的工作参数，主要有水头 H、流量 Q、转速 n、出力 N 和效率 η。这些参数表征了水轮机把水能转换为旋转机械能的性能。

4.2.1　水头

水轮机的水头，也称为水电站的工作水头、净水头，是水轮机做功的有效水头。定义为水体通过水轮机时，单位重量能量的减少值，常用符号 H 表示，单位为 m。对反击式水轮机，采用水轮机进口断面（蜗壳进口）单位重量水体的能量，减去出口断面（尾水管出口）单位重量水体的能量，如图 4-8 所示。计算水轮机水头的表达式为

$$H = E_{\text{进}} - E_{\text{出}} \tag{4-1}$$

式中　　E——单位重量水体的能量（m），包括位置高度、相对压力（即势能），以及动能。

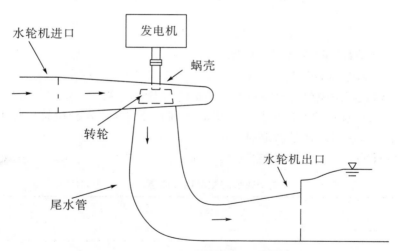

图 4-8　反击式水轮机水头示意图

一般常讲的水电站落差与水轮机水头有联系，但是所指的概念不同。一般意义上的落差是指河道上、下游两端之间的水面高程差，对水电站来说就是上游水库与下游河道的水位差，常称为水电站的毛水头，用 H_g 表示，单位为 m。上游水库的水流经过进水口、闸门和引水道等进入水轮机，水流通过水轮机后能量转换，然后排至下游河道。在水流到达水轮机前和流出水轮机后，会有一定的水头损失，定义为水电站引水建筑物的水力损失，用 Δh 表示，单位为 m。因此，水轮机水头又可以表示为

$$H = H_g - \Delta h \qquad (4-2)$$

水头是水轮机最重要的基本工作参数,表明了利用水流单位能量的大小,是确定水电站形式、机组类型等技术经济指标的关键因素之一。常用最大水头、最小水头、加权平均水头、设计水头等特征水头来表示水轮机的工作范围,这些特征水头根据水能计算给出。

(1) 设计水头:水轮机发出额定出力时所需要的最小净水头。

(2) 最大水头:允许水轮机运行的最大净水头,对水轮机结构的强度设计有决定性的影响。

(3) 加权平均水头:一定期间内水轮机水头可能出现的加权平均值。

(4) 最小水头:保证水轮机安全、稳定运行的最小净水头。

4.2.2 流量

单位时间内通过水轮机的水流体积,称为水轮机流量,常用符号 Q 表示,单位为 m^3/s。当水轮机在设计水头下,以额定出力运行时所对应的流量称为设计流量。

4.2.3 转速

水轮机的转速是指水轮机转轮在单位时间内的旋转次数,常用符号 n 表示,单位为 r/min。

发电机的同步转速 n_f 必须与电网规定的频率匹配,即要求满足下面的关系式:

$$n_f = \frac{60f}{P} \qquad (4-3)$$

式中 f——电网频率,我国为 50 Hz;

P——发电机磁极对数。

对于某一台机组发电机的磁极对数是确定的,发电机转子转速、同步转速可以由式(4-3)计算。大中型机组水轮机与发电机的主轴直接连接,水轮机转速等于发电机转速,也就是说,水轮机转速是确定的。

不同磁极对数下,发电机标准同步转速列于表 4-1 中。

表 4-1　发电机磁极对数与同步转速($n_f = 3000/P$)

磁极对数	4	5	…	9	10	12	…	48	50
同步转速（r/min）	750	600	…	333.3	300	250	…	62.5	60

4.2.4 出力与效率

单位时间内流经水轮机的水流总能量,即水轮机的输入功率,常用符号 N_w 表示,单位为 kW,其计算公式为

$$N_w = 9.81QH \qquad (4-4)$$

水轮机把水能转换为旋转机械能,通过主轴传递给发电机的功率,称为水轮机出力,常用符号 N 表示,单位为 kW。水轮机在能量转换过程中存在一定的损耗,因此

水轮机出力总是小于水流能量，二者的比值称为水轮机的效率，常用 η 表示，即

$$\eta = \frac{N}{N_w} = \frac{N}{9.81QH} \qquad (4-5)$$

因此水轮机出力可以按下式计算：

$$N = 9.81QH\eta \qquad (4-6)$$

目前大中型水轮机的最高效率可以达到 90%～96%。水轮机运行在设计水头、设计流量和额定转速时，主轴输出的功率称为水轮机的额定出力，常用符号 N_r 表示。

水轮机主轴带动发电机转子旋转，把机械能转换为电能，即发电机的出力或容量，常用符号 N_g 表示，单位为 kW 或 MW。同样发电机在运行过程中也存在能量损耗，发电机的效率 η_g 较高，一般在 96%～98%。因此，水轮发电机组的出力、容量可以表示为

$$N_g = 9.81QH\eta\eta_g \qquad (4-7)$$

4.3　水轮发电机

与其他发电机组相比，水轮发电机转速较低，一般在 60～750 r/min。由于水轮发电机组起动、并网较快，运行调动灵活，在电力系统中常作为调峰、调相或备用电源，因此对水轮发电机有较高的静态和动态稳定要求。

4.3.1　水轮发电机基本参数

1. 额定电压

发电机额定电压一般采用规定的标准电压，如 3.15 kV、6.3 kV、10.5 kV、15.75 kV、18 kV、20 kV 等。如何选择水轮发电机的额定电压，需考虑机组容量、转速，以及发电机和配电装置的技术经济等指标。

2. 额定功率因数

水轮发电机功率因数为有功功率与视在功率（容量）之比，常用的额定功率因数有 0.8、0.85、0.875 和 0.9。一方面，额定功率因数的大小直接影响发电机的尺寸和电势，在有功功率一定时提高功率因数，可以减少发电机的容量，从而相应减小发电机尺寸和总重量。另一方面，降低功率因数时发电机无功电流增大，电势将提高，功率极限也相应提高，从而可以提高发电机运行的稳定性。

3. 额定转速

发电机额定转速需与磁极对数匹配，见本书 4.2 节。从发电机的角度来说，尽可能选取较高的转速，以减少磁极对数及发电机尺寸，同时综合考虑水轮机形式、水头、流量及电站实际情况。

4. 发电机转动惯量

当水轮发电机组发生故障突然丢失负荷后，水轮机的驱动力矩将大于发电机的电磁阻力矩，由于水轮机关闭流量需要一定时间，机组转速将会很快升高。机组的转动惯量

越大，机组的转速上升率就越小，为控制转速上升值，需要机组具有一定的转动惯量。机组转动惯量主要是发电机的转动惯量，水轮机的转动惯量占比较小。增大发电机转动惯量，重量相应增加，成本将提高。为保证机组运行的稳定性，发电机应有合适的转动惯量。

除此之外，水轮发电机还有效率、短路比、电抗等基本参数。

4.3.2　水轮发电机的形式

水轮发电机按照主轴的布置方式，可分为立式和卧式两种基本结构。大、中型水轮发电机多为立式结构，卧式水轮发电机一般用于小型水电站及贯流式机组。

立式水轮发电机主要由定子、转子、制动系统和推力轴承等组成。

（1）定子：包括机座、定子铁芯和绕组等部件。

（2）转子：包括主轴、转子支架、磁极、磁轭等部件。

（3）制动系统：在停机时用来制动，检修时用来顶起转子，一般安装在下机架或机墩上。

（4）推力轴承：用来支承水轮发电机组旋转部件的重量（主要包括发电机、水轮机、主轴等），以及轴向水推力。

其他还有励磁系统、冷却系统、润滑系统以及导轴承等部件。

根据推力轴承位置的不同，水轮发电机可以分为悬式和伞式。悬式水轮发电机适用于中高速机组，转速一般大于 150 r/min，推力轴承布置在上机架上。悬式水轮发电机稳定性好，推力轴承直径相对较小，轴承损耗小，安装、维护、检修比较方便。伞式水轮发电机多用于中低速大容量机组，转速一般小于 150 r/min，推力轴承布置在下机架上。与悬式发电机组相比，伞式发电机组的总高度低，从而可以降低水电站厂房高度，加上结构较轻，故在大型水轮发电机中被广泛采用。

水轮发电机在运行时绕组线圈、定子铁芯等部件，会产生大量热量，将导致温度升高。为保证发电机能正常运行，有必要控制最高温度不能超过允许值，因此必须采取冷却措施。水轮发电机的冷却方式主要有外部空气冷却和内部水冷却等。外部空气冷却主要依靠空气流动把热量带走，又分为循环式、开敞式通风系统等。内部水冷却直接将水通入空心发热体内部，从内部吸收热量并带走。内冷方式的效果要优于外冷方式，但结构、工艺较为复杂。

4.4　水轮机调节系统

电力系统向用户提供的电能，应保证有一定的质量，频率、电压保持在额定值附近的一定范围内，我国规定电力系统频率为 50 Hz，偏差在 ±0.2～±0.5 Hz。电能频率的变化将引起用电设备的转速变化，如影响电钟计时的准确性、数控机床的精度从而影响织布时布匹纤维的均匀性等，甚至会导致严重的后果。

电力系统的负荷处于非规律性变化，根据水轮发电机组出力变化灵活的特点，要求其出力可进行动态调节。对某一台水轮发电机，输出电能的频率取决于机组转速，因此要保持供电频率不变，则必须维持机组的转速不变。

水轮发电机组的转速公式，可以用机组动力方程表示：

$$J\,\frac{\mathrm{d}\omega}{\mathrm{d}t} = M_t - M_g \tag{4-8}$$

式中　　J——机组转动惯量；

$\quad\quad\quad\omega$——机组旋转角速度，与转速 n 的关系为 $\omega = 2\pi n/60$；

$\quad\quad\quad t$——时间；

$\quad\quad\quad M_t$——水轮机的动力矩；

$\quad\quad\quad M_g$——发电机的阻力矩。

分析上述机组动力方程，表明：要保持机组转速 n 不变，即 $\omega =$ 常数、$\mathrm{d}\omega/\mathrm{d}t = 0$，则必须满足 $M_t = M_g$，也就是说，机组正常运行时，水轮机的动力矩等于发电机的阻力矩。在水电站负荷变化过程中，可能会出现以下两种情况：

（1）当机组负荷增加时，就会出现水轮机的动力矩小于发电机的阻力矩，即 $M_t < M_g$，根据机组动力方程 $\mathrm{d}\omega/\mathrm{d}t < 0$，因此转速会出现下降。要让机组转速回复恒定，需相应增大水轮机的动力矩，重新保证 $M_t = M_g$ 的平衡。

（2）当机组负荷减小时，就会出现水轮机的动力矩大于发电机的阻力矩，即 $M_t > M_g$，同理就有 $\mathrm{d}\omega/\mathrm{d}t > 0$，因此转速会出现上升。要让机组转速回复恒定，需相应减小水轮机的动力矩，重新保证 $M_t = M_g$ 的平衡。

因此，水轮机调节系统的主要任务为：根据负荷的变化，不断调节水轮机动力矩及发电机出力，以维持机组转速在规定范围内。另外，水化机调节系统还承担机组起动、并网和停机等任务。水轮机的动力矩与出力有如下关系式：

$$M_t = \frac{N}{\omega} = 9.81QH\,\frac{\eta}{\omega} \tag{4-9}$$

可以看出，要调节水电站机组出力，通过改变水轮机的过流量较为方便，水轮机控制过流量的方法有以下两种：

（1）反击式水轮机采用导水机构。根据调节系统的指令，液压系统接力器动作、操作导水机构，改变导叶的开度，从而实现过流量的控制。

（2）冲击式水轮机采用针阀及喷嘴。根据调节系统的指令，液压系统接力器动作、操作针阀移动，改变喷嘴的开度，从而实现过流量的控制。

水轮机调节系统实测机组转速及频率，根据与给定值之间的偏差，调节导叶的开度，从而改变机组出力，使得调节后的转速及频率符合给定值。水轮机调节系统由调节控制器、液压系统和调节对象组成。调节对象主要是指水轮机及导水机构，通常把调节控制器和液压系统统称为水轮机调速器。

水轮机调速器通常由测量元件、综合元件、放大元件、反馈元件及执行元件等组成，如图 4-9 所示。测量元件监测机组频率或转速，并转换、传输信号，通过判别与设定频率的偏差情况，形成综合调节信号。放大元件把该信号放大，然后向执行元件发出指令。执行元件依据指令操作导水机构调节导叶开度。反馈元件同时把导叶开度的变化情况返回综合元件，以核查、修正调节信号。

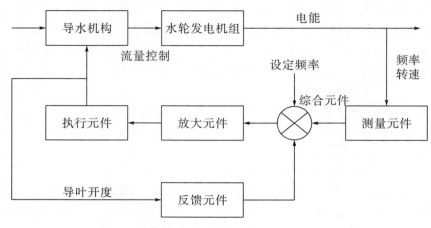

图 4-9　水轮机调节系统图

根据调节控制器的不同，调速器的发展主要经历了以下三代。

（1）机械液压型调速器：调节控制器为机械元件，是较早运用的调速器，主要出现在 20 世纪初至 20 世纪 50 年代。随着水电站自动化水平的提升，机械液压型调速器的功能已难以满足要求，目前已很少应用。

（2）电气液压型调速器：调节控制器为电气元件，即调速器的信号、指令等，通过电气回路、模拟电路来实现。与机械液压型相比，电气液压型调速器在精度、灵敏度等方面都有明显优势，而且便于设置、调整参数，提高了调节的可靠性和自动化水平，20世纪 50 年代至 20 世纪 80 年代得到广为应用。

（3）微机调速器：20 世纪 80 年代以来，随着计算机技术的发展，调节控制器开始采用微型电子计算机。基于微机具有的强大智能化功能，调速器可以获得优越的调节品质，从而保证机组调节系统处于最佳运行状态。目前水电站普遍采用微机调速器。

调速器指令的最终执行元件均是机械液压操作装置。通常是油压装置向调速器提供压力油作为动力源，以推动接力器等部件，从而实现导叶开度的改变。

4.5　水力机组辅助系统

水力机组辅助系统主要包括油系统、气系统和水系统三个系统。

4.5.1　油系统

水电站在运行过程中，由于各设备的特性、要求和工作条件不同，需要使用各种性能的油，大致分为润滑油和绝缘油两大类。常用的润滑油包括透平油、机械油、压缩机油及润滑脂等，主要作用是传递能量、润滑和散热等。绝缘油有变压器油、开关油和电缆油等，主要作用是绝缘、散热和消弧。水电站各类油中，透平油和变压器油的使用量最大。

1. 润滑油

（1）透平油又称为汽轮机油，具有较好的抗氧化安定性和抗乳化性能。按照油的运动黏度，分为 32 号、46 号、61 号等几个等级。透平油在调速器和其他液压操作设备中作为传递机械能的介质。透平油的黏度适中，可以在轴承内或其他做相对滑动的运动件之间形成油膜，以液态摩擦代替部件之间的固体干摩擦，减低了摩擦系数，从而减轻设备的磨损。同时由于透平油有流动性，还可以将转动部件由于摩擦产生的热量带出来，并通过油冷却器中的空气或者冷却水进行热交换，从而起到散热的作用，使油和设备的温度不致超过规定值。透平油的润滑、散热功能可保证设备的功能和安全运行。

（2）机械油的黏度相对较大，主要用于水泵、起重机和电动机等润滑使用。

（3）压缩机油主要用于空气压缩机活塞的润滑、密封，由于处在高压、高温及有冷凝水存在的环境中，因此压缩机油应具有优良的高温氧化安定性、低积炭倾向性、适宜的黏度性能以及良好的油水分离性等。

（4）润滑脂呈稠厚的油脂半固体状，主要用于滚动轴承及机组中具有相对运动部件的润滑。

2. 绝缘油

绝缘油的绝缘强度比空气大得多，作为绝缘介质可以缩小电气设备的尺寸，同时可对浸在油中的绝缘材料起保护作用，不使其潮湿、氧化。绝缘油可以吸收、传递电气设备运行时产生的热量，还可以把油断路器动作时产生的电弧熄灭。

（1）变压器油主要用于变压器，以及电流、电压互感器等，作为绝缘介质。同时变压器油可以吸收电流通过线圈时产生的热量，利用油温差形成对流，经冷却器把热量散发出去。

（2）开关油主要用于油短路器切断电流时，起绝缘和消弧的作用。

（3）电缆油用于电缆浸渍，作为绝缘介质。

中型水电站的用油量数十吨至数百吨，大型水电站的高达数千吨，需要设置专门的存储、输运、回收及处理设备，以保证系统处于良好的运行状态。通过管网将润滑油和绝缘油的储油罐、油泵、用油设备和油处理设备，以及监测元件、控制阀门等连接起来组成整体，称为油系统，其主要作用是：接受新油、储备净油、给设备充油和添油、排出污油、污油净化、废油处理，以及油系统的监测、维护等。

水电站油系统一般包括以下一些内容。

（1）储油罐：包括净油罐和污油罐，主要用于存放净油和设备中排出的污油。

（2）油处理室：主要放置油泵、压力滤油机及真空滤油机等，作为净油、输油的设备。

（3）油化验室：放置有油化验仪器、药物及设备等。

（4）油再生、吸附设备。

（5）油路管网：把用油设备与储油罐、油处理设备等连接起来。

（6）测量及控制元件：监测、控制用油设备的运行情况，包括温度信号器、示流信号器、压力控制器和油位信号器等。

4.5.2　气系统

空气的弹性极好，即具有较优的可压缩性。经空气压缩机运行空气的体积缩小、压力升高，同时也就把空压机的机械能，以压力能的形式存储于压缩空气。压缩空气易于储存、输送，使用方便，是一种良好的储能介质，在水电站运行、检修和安装过程中得到广泛应用。

水电站中的压缩空气系统按压力高低，分为高压气系统和低压气系统。高压气系统主要用于油压装置的充气，以保证压力油槽运行时压力平稳，工作压力一般在 2.5～4.0 MPa。低压气系统的工作压力一般在 0.7 MPa，主要用于机组制动、空气围带、风动工具等。有调相要求的水电站，压缩空气还用于调相压水。

水电站中使用压缩空气的设备主要有以下几种。

1. 油压装置压力油槽

压力油槽主要为水轮机调速器、进水阀等设备提供操作的动力源。以具有良好弹性的压缩空气和弹性很小的透平油配合，用于能量的储存和转换装置。压力油槽中一般下部 1/3 容积为油，其他为压缩空气，额定工作压力一般为 4.0 MPa，也有采用2.5 MPa、6.0 MPa 等。

2. 机组停机制动装置

当机组停机、关闭水轮机导叶后，虽然截断了水流输入的驱动力，但由于水轮发电机组的转动惯量较大，机组在惯性的作用下仍然会继续旋转。停机时机组转速开始较高，摩擦阻力矩相对较大，转速下降较快。当转速降低后，阻力矩变小，若还是采用机组自由制动，那必然会经过一个较长的低速运转过程。轴承润滑特别是推力轴承，长期低速运行可能会发生干摩擦或半干摩擦，将恶化润滑条件，发生烧瓦事故。

为避免自由制动下机组长时间低速运行，常设置制动装置强迫机组停止运转。一般是当转速降低到额定值的 30%～40% 时，制动装置才投入运行，使机组很快停下。通常采用压缩空气作为推动制动闸的动力，工作压力一般为 0.5～0.7 MPa。

3. 水轮机空气围带

水轮机空气围带主要功用为密封止水，常用在导轴承检修密封、蝴蝶阀密封。空气围带为空心的橡胶包围主轴、蝴蝶阀阀瓣四周，在需要密封时通入压缩空气，围带膨胀可以堵塞空隙，从而达到防漏、止水的目的。

水轮机导轴承检修密封围带耗气量少，通常从低压气系统供气，充气压力一般为0.7 MPa。蝴蝶阀安装在水轮机蜗壳进口前的压力管道上，空气围的充气压力必须大于作用于阀门的水压力，一般应高于作用压力 0.1～0.3 MPa。因此，蝴蝶阀空气围带供气需根据水电站水头的实际情况，水头较低时可以由低压气系统引来，水头较高时可以由高压气系统直接引来，或者经减压阀降低压力后再引取。

4. 水轮发电机组调相压水

调相的目的是向电力系统输入无功功率，以补偿线路、电机等的感性、容性电流，从而提高系统的功率因数，保持电压稳定。根据电力系统要求和水电站实际情况，机组有可能承担调相任务。若水电站离负荷中心比较近、年利用小时数不高且电网又缺乏无功功率时，可以利用机组在不发电期间作调相运行。

水轮发电机组作调相运行时，有以下几种方式：

（1）水轮机与发动机解离。缺点是拆卸和安装费时，影响发电运行。

（2）关闭水轮机进口闸门和尾水闸门，抽空存水。缺点是转为发电工况时充水时间长，运行操作较为复杂。

（3）水轮机保持空载运转，带动发动机调相运行。缺点是水轮机在空载工况下，水力条件很差，运行也不经济。

（4）利用压缩空气压低水轮机室内的水位。压水的目的是让转轮在空气中旋转，可以大大减小阻力，减少电能的消耗。实践表明：机组调相运行、满负荷发无功功率时，转轮在水中旋转消耗的有功功率约为其额定功率的 15%，而在空气中只有约 4%。例如，新安江水电站作调相运行、满发时，转轮在水中旋转要消耗系统电能12000 kW，而在空气中旋转只消耗 2500 kW。因此，利用压缩空气调相压水是经济的，而且发电、调相工况转换方便、操作简便，是较为常用的方式。

反击式水轮机转轮常低于下游水面，调相运行时需要压低水位，保证转轮下部与尾水管水面有一定距离。充气压力应大于所要求的压低水位与下游水位之间的压力差，一般为 0.7 MPa。

5. 风动工具及吹扫用气

水电站动力设备检修时，通常需要使用各种风动工具，如风铲、风钻、风砂轮、风砂枪等。例如，水轮机转轮气蚀检修时，需要使用风铲铲除被气蚀破坏了的金属表面，经过补焊后再采用风砂轮进行打磨。清除金属钢管管壁上的锈垢、附着污物等，需要用到风锤、风砂枪等。另外，在水电站运行时，还需要使用压缩空气吹扫动力设备上的灰尘，吹扫过滤网、拦污栅等以防止发生淤堵。

风动、吹扫工具的用气地点主要在主机室、安装场、水轮机室、机修室、水泵室及尾水平台等，工作压力一般在 0.5~0.7 MPa，通常从低压气系统引出支管供气。

6. 气动配电装置

变电设备中的空气断路器、气动隔离开关等的操作及灭弧等，需要利用压缩空气。空气断路器的额定工作压力一般为 2.0~2.5 MPa，气动隔离开关的操作气压一般为 0.7 MPa。为了获得干燥的空气，常采用压缩空气的额定压力为配电装置要求的工作压力的 2~4 倍。

水电站压缩空气系统主要由空气压缩装置、供气管网和测量控制系统等组成。

（1）水电站中常用的空气压缩装置是活塞式空气压缩机，包括附属设备，如储气罐、空气过滤器、气水分离器和空气冷却器等。

（2）供气管网由干管、支管和各种管件组成，其任务是把压缩空气按要求输送给各个用户。

（3）测量控制系统包括各种自动化测量、监控元件，用以保证设备安全运行，按质按量向用户供气。

4.5.3 水系统

水电站的水系统包括供水系统和排水系统。供水系统包括技术供水、消防供水和生活供水，一般以技术供水作为主体，同时充分保障消防用水和生活用水。

1. 技术供水系统

水电站技术供水主要针对水轮发电机组及辅助设备，主要作为冷却、润滑用水。

1) 技术供水的供水对象

技术供水的供水对象主要包括以下几类：

(1) 发电机轴承冷却器。

水轮发电机的轴承（包括推力轴承、导轴承）一般都浸在油槽中，用透平油来润滑和冷却。运行时机械摩擦产生的热量，开始积聚在轴承中，然后传入油中。热量如不及时导出，将使轴瓦和油的温度不断上升，温度过高不仅会降低润滑效果，加速油的劣化，还会影响轴瓦的寿命，严重时可能将轴承烧毁。为此，必须采取措施冷却油及轴承。

冷却方式通常有内冷和外冷。前者设置在油槽内，冷却水不断从冷却器通过，吸收并带走热量；后者利用油泵把润滑油抽到外面的油冷却器，即让油在油槽和冷却器间循环，冷却器浸在流动的冷却水中。

(2) 发电机空气冷却器。

发电机运行时有电磁损失，包括定子绕组损耗、涡流谐波附加损耗、铁损耗、励磁损耗和通风损耗等，另外还有轴承以外的机械摩擦损耗。这些能量最终都转化为热量，如不及时散出，可使发电机温度升高，导致机组出力和效率的降低，局部过热还会损坏绝缘，影响寿命，甚至引起事故。因此，发电机运行时必须采取冷却措施。

水轮发电机大多采用冷空气流过线圈等发热体，吸收热量后成为热空气，然后通过发电机周围的空气冷却器，又经冷却后变为冷空气进入机组，如此循环实现机组的冷却。空气冷却器是水管式热交换装置，由许多根冷却铜管组成。冷却水从一端流入、经冷却铜管分流，吸收热空气的热量变为热水，再从另一端流出。

(3) 水轮机导轴承润滑及冷却。

水轮机有采用水润滑和稀油润滑的导轴承，都需要有技术供水。

水润滑的橡胶轴承运转时，一定压力的水从橡胶瓦与不锈钢轴颈间流过，形成润滑水膜并承受工作压力，同时将摩擦产生的热量带走。水润滑的导轴承结构简单，橡胶轴瓦有一定的减震作用，有利于对提高运行的稳定性，但对水质要求较高，运行中轴瓦产生磨损，轴承间隙随温度变化，刚性不如油润滑轴承，使用寿命相对较短。

稀油润滑的导轴承通常设有冷却装置，冷却水流过冷却器把稀油的热量带走，从而实现冷却的目的。冷却方式分体外冷却和体内冷却两种。

(4) 水冷式空压机。

空压机运行时，压缩空气的内能增加，温度将升高，并把热量传递给气缸。为保证空压机正常运行，避免润滑油发生分解和碳化，必须对空压机的气缸进行冷却，降低压缩空气的温度。空压机有水冷式、风冷式，水冷式空压机用水套包围气缸周围，冷却水通过时将热量带走。

（5）水冷式变压器。

变压器在运行时有电能损耗，会产生热量，温度升高后效率会降低。变压器的冷却有风冷、水冷。水冷式变压器又分成内部水冷、外部水冷。前者将冷却器安装在绝缘油箱内；后者的油冷却器在变压器外，强迫油循环。

（6）油压装置冷却。

油泵运行时压力油高速流动，在克服摩擦过程中将产生热量，特别是当油泵启动频繁时，油温上升可能较快。温度过高的油的黏度会下降，不仅对液压操作不利，诱发油的劣化，而且会使漏油增多。为控制油压装置的油温，通常在油箱上设置专门的冷却管，通以冷却水带走热量，实现油的冷却。

除此之外，有些高水头电站利用高压水来操作进水阀，可以减少油压装置和运行费用。还有采用射流泵为水电站供水、排水，或者辅助离心泵启动，也需要引入高压水流作为技术供水。

2）技术供水的水源选择

水源的选择对保障技术供水十分重要，不仅要满足用水设备对水质、水量、水压等基本要求，还要使整个系统技术经济合理、运行维护简便。通常就近、方便选取水电站所在河流作为技术供水水源，只有当河水不能满足要求时，才考虑其他水源，如地下水等。除主水源外，一般还设有备用水源，以确保供水可靠。水电站常用的几种技术供水水源如下：

（1）上游取水。

水电站上游水库，不仅有水质、水量和水温等方面的优势，还有利用自然落差的方便和经济，因此，常常作为优先考虑的水源类型。按取水口布置位置的不同，分为坝前取水、压力管道及蜗壳取水。

坝前取水主要用于河床式、坝内式及坝后式等水电站，由于动力设备离水库近，供水管道较短，经济可行。坝前取水的优点是取水口布置较为灵活，可以在不同位置、高程布设多个取水口，这样可以方便选择合适的水质、水温，同时各个取水口可以互为备用，供水较为可靠。

对于引水道较长的长引水式水电站，供水管道相应就会很长，坝前取水就不经济了。从压力管道或蜗壳取水，可以缩短供水管的长度。蜗壳取水适用于水压合适、水质较好的情况。如果蜗壳上不方便布置取水口或者水质不满足要求时，可以从压力钢管取水，以方便布置滤水器等水质处理设备。

（2）下游取水。

当上游的水头过高，采取减压后技术供水，可能难以实现或者不经济。当水电站水头过低时，上游取水不能满足水压要求。此时，一般采用下游取水，经水泵提水输送到各用水设备。下游取水每台泵需设单独的取水口，布置较为灵活，管道不长。缺点是设备运行费用较高，容易中断供水，可靠性差。

（3）地下取水。

当河水不能满足水质要求时，可采用地下水作为供水水源。地下水一般没有杂质、比较清洁，水质较为优良。经勘测、论证，水电站附近有稳定、可靠的地下水源时，可以考虑作为技术供水的水源。

3）技术供水的供水方式

对应水电站的各种供水水源，技术供水有如下一些供水方式：

（1）自流供水。

水电站水头在 20～80 m 时，上游取水一般采用自流供水方式。自流供水设备简单、投资少，运行操作方便，供水可靠，是优先考虑采用的供水方式。当水电站水头过低、小于 20 m 时，自流供水的水压不能满足要求。

当水头高于 40 m 时，一般需设置可靠的减压装置，减低水压后再自流供水，称为自流减压供水。水电站水头越高，需要削减的水压就越大，也就是能量浪费越大，而且水头过高，减压可能难以实现。

（2）水泵供水。

当水电站水头高于 80 m 或者低于 12 m 时，可以采用水泵供水的方式。高水头电站通常采取水泵下游抽水；低水头电站根据实际情况，水泵取水口可以设置在下游，也可以上游取水、水泵加压供水。采用地下水源时，一般也是水泵供水。

水泵供水方式由水泵需保证要的水压、水量等，水泵机组、水处理等设备的布置较为灵活。主要缺点是：水泵事故停运时供水会中断，供水的可靠性较差。为保障供水，需要设置备用水泵，以及配备可靠的备用电源。水泵供水的设备多、投资大，运行费用也比较大。

（3）混合供水。

在水电站水头为 12～20 m 时，一般采用混合供水方式，即自流供水、水泵供水的混合系统。当水头相对高时采用自流方式，水头不足时采用水泵供水。根据用水设备的位置及水压要求的不同，有些水电站采取部分设备水泵供水，其他设备自流供水。

此外，还有采用射流泵供水的方式，其原理是：利用高速射流形成负压抽吸流体，二者混合后被抽流体能量增加，从而实现增压的作用。当水电站水头在 80～160 m 时，上游取水作为高压的工作液体，下游取水作为被抽液体，射流泵内两股水流相互混合，形成一股压力适中的水流，再输送到技术供水系统。射流泵供水兼有自流供水和水泵供水的特点，上游水压降低，下游水流被抽吸，供水量是上、下游取水量之和。射流泵不需要动力设备驱动，运行成本低，结构简单，工作可靠，有很好的应用前景。

总体来说，各种水源都有各自的特点，有一定的适用条件。选择合适的供水水源和供水方式，是设计技术供水系统的首要工作，必须根据水电站的具体情况，在满足用水设备要求的同时，力求技术经济合理。

2. 排水系统

水电站排水系统通常是指检修排水和渗漏排水两大类。其主要任务是：避免厂房内部积水和潮湿，保证机组过水部分和厂房水下部分的检修。

1）检修排水

在检修机组的水下部分、厂房水工建筑物的水下部分时，必须先将压力管道、水轮机蜗壳、水轮机室及尾水管内的积水排除。检修排水的特征是：排水位置较低，排水量较大，排水时间要求较短。因此，只能采用水泵排水，并选择功率足够大的机组。另外，还应考虑尾水闸门、进水口闸门或进水阀等可能有漏水，设计可靠的排水方式，以保障机组检修工作。

2）渗漏排水

厂房内渗漏排水主要包括厂房水工建筑物的渗水，机械设备的漏水，水轮机顶盖与大轴密封的漏水，管道部件、阀门及进人孔盖等处的漏水。下部设备的生产排水，如滤水器的污水、水冷式空压机和变压器的冷却水、储气罐的排水、空气冷却器的冷凝水等。另外，还有厂房下部生活用水的排放等。

厂房内的渗漏排水与水电站的地质、布置、施工及设备等多种因素有关，特点是排水量小，较为分散、不集中，而且很难计算预计。由于排水位置低，渗漏水不能靠自流排除，一般需要设置集水井把渗漏水收集起来，再用水泵排至下游。

除此以外，水电站的排水系统还涉及生产用水排水，如发电机空气冷却器、推力轴承和导轴承的冷却、油压装置等设备的冷却水排放。生产用水的排水能靠自身压力排到下游，通常将其列入技术供水系统。

第5章　热力发电厂

5.1　概述

　　人类社会利用的能源形式主要有电能、热能和机械能。自然界中能被利用的一次能源，如水能、太阳能、风能、地热能、潮汐能、生物质能、原子能以及煤炭、天然气、石油等，其中只有水能、风能和潮汐能等极少数能源能直接以机械能形式为人类提供能量，其他能源则主要以热能的形式，或者间接地将热能转化为机械能和电能被人们利用。据统计，大约超过85%的能量是以热能形式完成利用的，所以热能的合理开发及有效利用对人类社会的发展有着重要意义。

　　热能是人类最早利用的能源形式，也是人类社会使用最为广泛的能源形式，同时它也是生产生活中消耗量最大的一种能量形式。除了日常生活中的蒸煮、采暖和热水等热能利用外，热能主要应用于工业生产，尤其是在冶金、化工、纺织、造纸、食品等以蒸汽为先决条件的工业部门。除此之外，工业生产中的热能还有相当数量的一部分先转换为机械能或电能再加以利用，如图5-1所示。

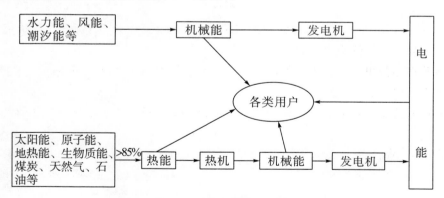

图5-1　能源的转化过程

　　按照热能的利用形式，通常将热能利用分为如下两种基本方式：直接利用和间接利用。热能的直接利用即热利用，是指热能在生产生活中的直接应用，如工业生产中的工艺过程加热，对原料和产品的干燥处理、烘烤，住宅、办公大楼、商场的供热采暖等。热能的直接利用历史悠久，可以追溯到远古时代燧人氏的"钻木取火"。热能的间接利用也叫做动力利用，是指热能通过各种热能动力装置转化成机械能或电能再加以利用，如热力发电、车辆船舶的动力驱动等。热能的大规模工业利用始于 18 世纪中叶蒸汽机的发明，这是人类技术发展史上一次巨大的变革，开启了热能动力应用之门，使人类社会生产力和科学技术有了一次质的飞跃，称为第一次工业革命。由发达国家工业化进程中经济发展与能源消费的表现规律来看，不管是国内生产总值（GDP）还是人均 GDP 的增长，都与总能源消费及人均能耗呈近似线性增长关系，而超过 85% 的能量是以热能形式完成利用的，由此可见，热能动力利用的地位举足轻重。但是直到目前为止，各种热能动力装置对热能的有效利用程度却相对不高，例如，采用汽轮机发电的热力发电厂热效率在 40% 左右，燃气轮机简单循环的热效率在 30% 左右，采用先进的蒸汽—燃气联合循环效率可达到 50% 以上。因此，如何更加有效、更加经济地实现热能的动力利用，仍然是十分重要的课题。

5.1.1　热力发电厂的分类

利用热能转换成电能的电厂，我们称之为热力发电厂。热力发电厂主要按以下几种方式进行分类。

按电厂所使用的一次能源可分为：常规燃料火力发电厂、核能发电厂、太阳能发电厂、地热发电厂、磁流体发电厂等。

按电厂所使用的原动机类型可分为：汽轮机发电厂（蒸汽）、燃气轮机发电厂（燃气）、内燃机发电厂（燃气）、蒸汽—燃气联合循环电厂。其中，以汽轮机发电所占比例最大，汽轮机发电量占全球发电量的近 2/3（包括常规燃料发电、核电、地热发电等），燃气轮机发电近年来有所发展，内燃机发电所占比例最小。除非特别注明，本章所提及的热力发电厂是指常规燃料汽轮机发电厂。

按电厂所供应的能量类型可分为：仅供应电能的凝汽式电厂、同时供应电能和热能的热电联产电厂。

按电厂容量可分为：1000 MW 及以上的大容量电厂、500～1000 MW 的中容量电厂、500 MW 及以下的小容量电厂。

按新蒸汽参数可分为：中、低压发电厂，高压发电厂，超高压发电厂，亚临界发电厂，超临界发电厂。

按电厂所处位置可分为：坑口、港口、路口电站，负荷中心电站，位于煤源与负荷中心之间的电厂。

按在电网中所承担的负荷可分为：带基本负荷电厂、调峰负荷电厂等。

按服务规模可分为：区域性的主要电厂、孤立电厂、企业自备电厂、列车电厂等。

5.1.2　热力发电厂的发展现状

热力发电一般是指利用石油、煤炭和天然气等燃料燃烧，产生热能来加给水，给水吸热后变成高温高压的水蒸气，该水蒸气通过汽轮机做功，带动发电机发电。

截至 2014 年年底，我国火电装机容量达 91569 万千瓦（其中含煤电 82524 万千瓦，气电 5567 万千瓦），占全部装机容量的 67.4%；发电量 41731 亿千瓦时，占全国总发电量的 75.2%。无疑，火电仍然是我国主要的发电形式。

火电一直以来给人的印象是高能耗、高污染行业，燃煤是二氧化硫、烟尘、氮氧化物排放的最大污染源。这其实是一个认识误区：大气污染不是煤炭自身带来的，而是人类"用煤不当"造成的。为了有效地控制电力行业大气污染排放，国家先后制定了几十个与控制大气污染物排放相关的法规、政策和标准，节能减排成为火电行业可持续发展的重要内容，大容量、高参数、高效率、低排放逐渐成为火电设备的发展主流。目前，全国 30 万千瓦及以上的大型火电机组占火电机组比重 2/3 以上，其中，60 万千瓦及以上的清洁机组占火电机组比重已达 1/3 以上，已投产和在建的 100 万千瓦超临界火电机组超过 60 台，数量、总容量均居世界首位。这些大型、高效、环保机组的建设，在满足国民经济和社会发展的同时，供电煤耗显著下降，从 2007 年年底的 356 g 下降到 2013 年的 321 g，能耗下降了 9.83%。上海外三电厂建有 2×100 万千瓦超超临界燃煤发电机组，2013 年，其供电标准煤耗就已达到 276 g，为目前同类机组世界最好水平。截至 2013 年年底，全国具备脱硫能力的燃煤机组比例接近 100%，脱硫设施运行可靠性水平进一步提高；近 2 亿千瓦机组完成烟气脱硝改造，全国脱硝机组投入容量接近 4.3 亿千瓦，煤电脱硝比例接近 55%；煤电机组除尘器加大改造力度，高效电袋除尘器、袋式除尘器的应用比例进一步提高。2014 年 7 月 1 日，《火电厂大气污染物排放标准》正式实施，这标志着我国火电厂迎来了"近零排放"时代，即达到氮氧化物、二氧化硫、烟尘排放分别在 50 mg/m³、35 mg/m³、5 mg/m³ 以下。

5.2 热工基础理论

热力发电厂的生产过程是一个热能到机械能再到电能的转换过程，同时在这个生产过程中涉及非常多的传热过程。热力发电厂生产过程的理论基础即热工基础。

热工基础包括工程热力学和传热学两门课程。其中，工程热力学主要研究能量转换规律、能量的有效利用及其工程应用，尤其是热能与机械能之间的转换以及提高转换效率的途径。热力学第一定律、热力学第二定律、工质的热力性质、热力过程是其主要内容。传热学主要研究热量传递规律及其工程应用。有温差就会引起热量从高温物体向低温物体的传递。热量传递有导热、对流换热和辐射换热三种基本方式。传热过程的强化及其热计算是工程中的常见问题。

5.2.1 基本概念

1. 热机及热能动力装置

热能转化为机械能需要借助某种设备才能完成，我们把这种能将热能转换为机械能的设备称作热机。常见的热机有汽轮机、内燃机、燃气轮机等。

如果要想源源不断地获得机械能，仅仅一个热机是远远不够的，需要一整套设备。这一整套设备能从燃料燃烧中获得热能，然后再将该热能转换成机械能对外输出，我们称之为热能动力装置。常见的热能动力装置按其热机的类型不同，可分为蒸汽动力装置和燃气动力装置两大类。电厂动力装置是典型的蒸汽动力装置，而常见的燃气动力装置包括内燃机、燃气轮机装置和喷气式发动机，如图 5-2 所示。

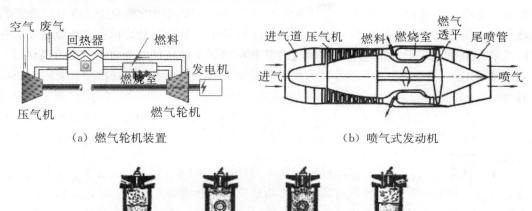

（a）燃气轮机装置　　　　　　　　　　（b）喷气式发动机

透气　　　　压缩　　　　膨胀　　　　排气

（c）四冲程内燃机

图 5-2　**燃气动力装置**

电厂蒸汽动力装置系统简图如图 5-3 所示，主要由锅炉、汽轮机、冷凝器和给水泵等组成。燃料在锅炉设备中燃烧，化学能转换为热能，水通过锅炉受热面吸热蒸发变成水蒸气，即新蒸汽。新蒸汽通过相应的管道、阀门进入汽轮机内膨胀做功，将热能转换为机械能。电厂中，该机械能再通过发电机转换为电能对外输出。做完功的蒸汽进入冷凝器放热，被冷凝成水，该凝结水由给水泵加压送入锅炉，在其中吸热蒸发。

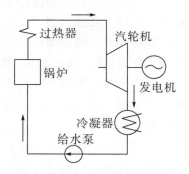

图 5-3　**电厂蒸汽动力装置系统简图**

2．循环

能连续不断获得的机械功才具备实际使用的价值，如图 5-3 所示的电厂蒸汽动力装置，水在锅炉里吸热变成高温高压的新蒸汽，进入汽轮机膨胀做功后，做功后的乏汽在冷凝器里放热冷凝成水，再由给水泵压缩升压后送入锅炉，最终又回到了初始状态，开始新一轮的过程。吸热—膨胀—放热—压缩—吸热，如此周而复始。

水及水蒸气过一系列的过程后，又重新回到了原来的状态，这样一系列过程的综合，称为热力循环，简称循环。蒸汽或燃气完成一个循环后，恢复到初始状态，然后再按照相同的过程重复运行，这样才能连续不断地将由燃料燃烧获得的热能装换为机械能对外输出。

循环包括正向循环和逆向循环。正向循环也叫动力循环，即热能向机械能转换的循环，其循环过程可描述为从高温热源吸热，向低温热源放热，结果使外界得到机械功，如电厂蒸汽动力循环。逆向循环是正向循环的反过程，即消耗外界的功，将低温热源的热量传递给高温热源，主要包括制冷循环和热泵循环。不同类型的循环的经济性可用不同的指标来衡量，正向循环用热效率，逆向循环中制冷循环的经济性指标为制冷系数，热泵循环的经济性指标为热泵系数。我们也可以采用一个普遍的原则性指标来衡量循环的经济性：

$$经济性 = \frac{得到的收益}{付出的代价}$$

3. 工质

由上述蒸汽动力装置的做功过程可知，热能向机械能的转变，除了热力设备之外，还必须有一种媒介物。这种能具体实现热功转换的媒介物即工质，它是能量转换必不可少的内部条件。在物质三态中，由于具有良好的膨胀性、流动性和热容量，气态物质最适宜用作工质，如蒸汽动力装置的水蒸气，燃气动力装置的燃气等。

4. 热力系统

如同力学中取系统一样，为了分析问题方便，热力学中也将所研究对象与其周围物体分隔开来，通过边界研究其物质及能量的交换。这种被人为分隔出来的物质系统在热力学中称为热力系统，简称系统，与热力系统发生物质及能量交换的周围物体称为外界，系统与外界之间的分界面称为边界。考察热力系统与外界的物质能量交换情况，热力系统可分为以下几种类型：

（1）闭口系统，简称闭口系，系统与外界只有能量交换而无物质交换。由于闭口系统与外界无物质交换，其系统内部物质质量保持恒定，因此闭口系统又可叫做控制质量系。

（2）开口系统，简称开口系，系统与外界既有能量交换也有物质交换。开口系中能量和物质质量都可能发生变化，一般这种变化在某一固定区域内发生，所以开口系又叫做控制容积系。

（3）绝热系统，简称绝热系，系统与外界没有热量交换。

（4）孤立系统，简称孤立系，系统与外界既无能量交换也无物质交换。如果将上述闭口系、开口系、绝热系及其外界视为一个热力系统，就成为一个孤立系统。

值得注意的是，热力系统的选择带有很强的人为性，同一个热力现象，不同的侧重点、不同的人可以选取不同的热力系统。只要能针对所选取的热力系统列出正确的能量方程，其最终结果都是一致的。如图5-4所示的内燃机气缸，如果仅研究气体的燃烧膨胀过程，在气缸进气与排气阀门都关闭时，取封闭在气缸内的工质为热力系统则为闭口系统；如果将进气、排气及燃烧膨胀过程一起研究时，取整个气缸为热力系统则为开口系统。

5. 状态参数

由工质在热力设备中的做功过程可知，热能到机械能的转变需要由一系列过程才能完成，而其过程实质就是工质状态发生的

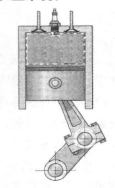

图5-4　内燃机气缸

改变。研究热力设备中的工作过程，其实也就是研究工质的状态及其状态变化过程。用来描述工质所处状态的宏观物理量称为状态参数，研究热功转换过程常用的状态参数有压力 p、温度 T、体积 V（常用比体积 v）、热力学能 U、焓 H、熵 S。其中压力 p、温度 T 和比体积 v 可直接用仪器测量且使用最多，称为基本状态参数，其余状态参数可由基本状态参数间接计算。

1）压力

热力学中的压力其实是压强，即单位面积上所受到的垂直作用力，用 p 表示。我国法定的压力单位采用国际单位制（SI 制），即帕斯卡，简称帕，符号为 Pa，1 Pa 表示每平方米面积上垂直作用了 1 N 的力，即：

$$1 \text{ Pa} = 1 \text{ N/m}^2$$

帕斯卡的单位较小，在工程上使用起来有时不方便，故常采用 MPa（兆帕）为单位：

$$1 \text{ MPa} = 10^6 \text{ Pa}$$

在实际使用中还可能碰到一些其他的工程压力单位，如 atm（标准大气压）、at（工程大气压）、bar（巴）、mmH_2O（毫米水柱）、mmHg（毫米汞柱），它们与帕斯卡之间的换算关系见表 5-1。

表 5-1　工程压力单位与标准压力单位的换算关系

	1 Pa	1 MPa	1 bar	1 atm	1 at	1 mmH_2O	1 mmHg
Pa	1	1×10^6	1×10^5	101325	9.8×10^4	9.8	133.3

压力属于基本状态参数，可直接由测量仪器测得，而测量仪器本身要也受到其所处环境压力的作用（一般为大气压环境），所以测得的压力不是工质的真实绝对压力，是一个以环境大气压力为基准的相对值，按该相对值与环境压力的大小关系，叫做表压力或真空度。

当工质的绝对压力大于环境大气压 p_b 时，如图 5-5（a）所示，测压计所测得的压力值叫做表压力，用符号 p_e 表示。此时工质的真实绝对压力 p 为

$$p = p_b + p_e \tag{5-1}$$

当工质的绝对压力小于环境大气压 p_b 时，如图 5-5（b）所示，测压计所测得的压力值叫做真空度，用符号 p_v 表示。此时工质的真实绝对压力 p 为

$$p = p_b - p_v \tag{5-2}$$

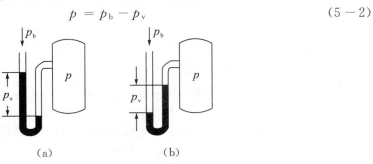

（a）　　　　　　　（b）

图 5-5　绝对压力、表压力与真空度

值得注意的是，作为工质状态参数的压力，其数值大小应该是绝对压力值。因此，在进行精确热工计算或热工测量时，用测量仪器进行压力测量的同时，必须测量出当地大气压，并依据测量值的大小应用式(5-1)、式(5-2)进行换算，才能得到工质的真实绝对压力。进行粗略计算时，可将大气压视为常数。

2）温度

温度是表示物体冷热程度的物理量，温度的数值表示即温标。温度的测量是利用某种物质（即测温物质）的某种物理特性来完成的，如水银的遇热膨胀，铂的电阻值随冷热程度不同而发生变化。这种利用一定的测温物质，并采用一定的温度标定方法所得到的温标称为经验温标，常用的摄氏温标、华氏温标等都属于经验温标。由于经验温标依赖于测温物质的物理特性，当采用不同测温物质和不同温度标定方法的温度计测温时，除了规定的某些基准点外（如水的冰点、沸点等），其他温度值的测量可能存在差异，所以经验温标不能作为标准温标。

热力学温标是以热力学第二定律为基础制定的，它与测温物质无关，因此国际单位制（SI制）采用热力学温标作为标准温标。热力学温标用 T 表示，单位为开尔文，简称开，符号为 K。热力学温标把水的三相点作为唯一基准点，规定为 273.16 K，而热力学温标的温度单位开尔文是水的三相点温度的 1/273.16。

1960 年，国际计量大会规定摄氏温度由热力学温度移动零点来得到。因此，实际上除了零点取值不同，摄氏温标实质上与热力学温标并无多大差别。摄氏温标把水的三相点规定为 0.01℃，这样，摄氏温标 t 与热力学温标 T 之间的关系为

$$T = t + 273.15 \tag{5-3}$$

式中，T 为热力学温标，单位为 K；t 为摄氏温标，单位为℃。

3）比体积

单位质量物质所占的体积称为比体积，用 v 表示，单位为 m^3/kg，即：

$$v = \frac{V}{m} \tag{5-4}$$

式中，V 是物质的体积，单位为 m^3；m 是物质的质量，单位为 kg。

由比体积的定义可知，比体积与物质的密度 ρ（kg/m^3）互为倒数。在热力学中，通常采用比体积 v 作为状态参数。

4）热力学能

只要物质是运动的，它就具备相应的能量，不同的运动形态对应不同的能量形式。如物质的宏观运动决定了物质宏观动能 E_k 的大小，物质在外力场中的宏观位置决定了物质的宏观势能 E_p 的大小，这两种能量是因为物质做机械运动而具有的能量，属于机械能，也称为物质的外部储存能。

那么宏观静止的物质是否具有能量呢？答案是肯定的。宏观静止的物体，其物质内部的大量分子和原子微粒在无时无刻地进行微观热运动，有运动就存在能量。因分子的无规则运动而具有的内动能，分子间相互作用力而具有的内位能，为维持物质一定分子结构具有的化学能，原子核内部运动而具有的原子能等都是由于物质内部分子、原子微粒进行微观热运动而具有的能量，我们称之为热力学能。因为它们存在于物质内部，所

以也叫做内部储存能，即内能。在绝大多数情况下，热力学问题不涉及化学反应和原子核反应，因此在热力学范畴只考虑内动能和内位能。

热力学能用 U 表示，我国法定计量单位为焦耳，符号为 J；单位质量物质所具有的热力学能称为比热力学能，用 u 表示，单位为 J/kg。

外部储存能和热力学能（内部储存能）可以同时存在于物质当中，我们把二者之和叫做物质的总储存能，简称总能，如果用 E 表示物质的总能，则有：

$$E = E_k + E_p + U \tag{5-5}$$

5）焓

在热力设备中，为获得连续不断的机械功，工质必须进行循环，即工质总是不断地从一个地方流到另一个地方。而在热工计算中，U 和 pV 这两组参数经常成对出现，也就是说，随着工质的流动而传递的能量除了热力学能 U 外，还包括了 pV。为简化公式和计算，人们将这两组参数组合起来，以数学等式定义了一个新的参数——焓，即：

$$H = U + pV \tag{5-6}$$

式中，H 为焓，单位为 J。单位质量工质的焓称为比焓，用 h 表示，单位为 J/kg，即：

$$h = u + pv \tag{5-7}$$

焓的物理意义可表述为：热力系统因引进或排出工质而获得或输出的总能量。

6）熵

熵是与热力学第二定律紧密相连的一个状态参数，也是在热力学第二定律的基础上推导出来的。熵是一个抽象的状态参数，但熵是热力学的重要参数，它可为热力过程进行的方向、热力过程是否能够实现、热力过程不可逆程度提供判据。熵用符号 S 表示，单位为 J/K；单位质量工质的熵称为比熵，用 s 表示，单位为 J/（kg·K），与焓一样，熵也是由数学公式进行定义的：

$$dS = \frac{\delta Q_{rev}}{T} \tag{5-8}$$

式中，dS 为微元可逆过程中工质熵的变化量；δQ_{rev} 为工质在微元可逆过程中与热源交换的热量；T 为传热时工质的热力学温度。

熵最早在是热力学领域中提出并应用，随后被引申至信息论、概率论、控制论、天体物理、生命科学、社会科学、哲学等多个学科领域，在不同的学科中有自己更为具体的定义及意义，是各学科领域重要参数。笼统地说，熵是衡量物质系统混乱程度的一个参数，熵值越大，则系统的有序程度就越小。例如，对同一物质的三个相态来说，气态物质、液态物质和固态物质的熵依次减小。

7）强度参数和广延参数

工质的状态参数中，压力和温度与工质的量的多少无关，不具有可加性，称为强度参数。体积、热力学能、焓和熵与工质的量成正比，具有可加性，称为广延参数。但是广延参数的比参数（单位质量参数）具有强度量的性质，不具有可加性，如比体积、比热力学能、比焓、比熵。一般地，广延参数用大写字母表示，如体积 V、热力学能 U、焓 H、熵 S；其比参数用相应的小写字母表示，如比体积 v、比热力学能 u、比焓 h、比熵 s。

5.2.2　热力学第一定律

自然界的基本规律之一就是能量守恒与转换定律，该定律指出：自然界中的所有物质都具有能量，能量既不可能凭空产生，也不可能凭空消失；能量只能从一种形式转换为另一种形式，或者从一个物体转移到另一个物体，在能量的转换和转移过程中，能量的总量保持不变。

热力学第一定律的实质是能量守恒与转换定律在热力学里的具体应用，工程热力学主要研究热能与机械能之间的转换问题，即热力学第一定律确定的是热力过程中热能和机械能在数量上的相互关系。

1. 热力学第一定律的表述

热力学第一定律可以表述为："热是能量的一种，机械能转换成热能或热能转换成机械能时，它们之间的比值是一定的"；也可表述为："热可以转换为功，功也可以转换为热；一定量的热消失时，必然会产生与之对应的一定量的热，消耗一定量的功时也必会出现相应数量的热"。

焦耳用实验验证了热力学第一定律，焦耳的热功当量实验表明，热与功之间的转换存在严格的数量关系，即：

$$W = nQ \qquad (5-9)$$

式中，Q 为热量，单位为卡（cal）；W 为功，单位为焦耳（J）；n 为热功当量。由于现在的国际单位制中，热量和功的单位都统一为焦耳（J），所以热功当量 $n=1$。

历史上人们非常热衷于制造一种不需要消耗任何能量而能源源不断对外做功的机器，即所谓的第一类永动机，热力学第一定律的建立宣告了第一类永动机永远不可能实现。因此，热力学第一定律还可表述为："第一类永动机无法制造成功"。

2. 能量方程式

热力学第一定律是能量守恒和转换定律在热力学领域的应用，对热力学问题应用第一定律列出的数学方程其实就是能量方程式。根据热力学第一定律，对于任意热力系统，其各项能量的平衡关系可表示为

$$进入系统的能量 - 离开系统的能量 = 系统总储存能的变化 \qquad (5-10)$$

式中，系统总储存能包括外部储存能（宏观动能和宏观位能）和内部储存能（热力学能）。

式（5-10）是热力系统能量平衡的基本公式，任意系统的任意过程均适用。但是对于不同的热力系统，参与热力过程能量转换的各项能量不同，则具体的关系式也不尽相同。

1）闭口系统

如图 5-6 所示的汽缸活塞系统，取封闭在汽缸内的工质作为热力系统，在它从状态 1 变化到状态 2 的过程中，与外界没有质量交换，所以这是一个闭口系统。工质从外界吸收热量 Q（进入系统的能量），从状态 1 变化到状态 2，在此过程中对外做功 W（离开系统的能量），不考虑宏观位能及宏观动能（外部储存能），则系统的储存能变化只有热力学能（内能）变化 ΔU。根据热力学第一定律基本能量公式（5-10），有：

$$Q - W = \Delta U = U_2 - U_1$$

$$Q = \Delta U + W \qquad\qquad (5-11)$$

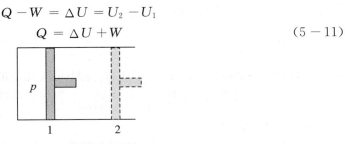

图 5-6　汽缸活塞系统

式（5—11）就是闭口系统的热力学第一定律能量方程式，叫做热力学第一定律解析式。该式表明，系统吸收的热量最终转化为两部分：一部分用于增加工质的热力学能，另一部分使工质膨胀对外界做功。

2）开口系统

在实际的热力设备中，如锅炉、汽轮机、水泵等，工质在其中不断循环流动才能完成能量转换，这类设备一般都视为开口系统。

如图 5-7 所示的开口系统，考察该系统在 $\Delta \tau$ 时间段的能量平衡。

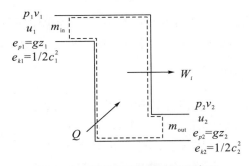

图 5-7　开口系统能量方程示意图

进入系统的能量包括：系统从外界吸收的热量 Q，工质进入系统时带入的宏观位能 e_{p1}，宏观动能 e_{k1}，热力学能 u_1 及推动功 $p_1 v_1$，即：

$$Q + m_{in}(e_{p1} + e_{k1} + u_1 + p_1 v_1) = Q + m_{in}\left(gz_1 + \frac{1}{2}c_1^2 + u_1 + p_1 v_1\right)$$

离开系统的能量包括：系统从外界吸收的热量 W_i，工质进入系统时带入的宏观位能 e_{p2}，宏观动能 e_{k2}，热力学能 u_2 及推动功 $p_2 v_2$，即：

$$W_i + m_{out}(e_{p2} + e_{k2} + u_2 + p_2 v_2) = W_i + m_{out}\left(gz_2 + \frac{1}{2}c_2^2 + u_2 + p_2 v_2\right)$$

开口系统的储存能变化量就是系统总储存能的变化 ΔE_{CV}。

根据热力学第一定律基本能量公式（5—10），有：

$$Q + m_{in}\left(gz_1 + \frac{1}{2}c_1^2 + u_1 + p_1 v_1\right) - W_i - m_{out}\left(gz_2 + \frac{1}{2}c_2^2 + u_2 + p_2 v_2\right) = \Delta E_{CV}$$

考虑到焓的定义 $h = u + pv$，上式可改写成：

$$Q = \Delta E_{CV} + m_{out}\left(gz_2 + \frac{1}{2}c_2^2 + h_2\right) - m_{in}\left(gz_1 + \frac{1}{2}c_1^2 + h_1\right) + W_i \quad (5-12)$$

式（5－12）左、右同时除以时间 $\Delta\tau$，可以得到单位时间系统的能量方程，即：

$$\Phi = \frac{\Delta E_{CV}}{\Delta\tau} + q_{m,\text{out}}\left(gz_2 + \frac{1}{2}c_2^2 + h_2\right) - q_{m,\text{in}}\left(gz_1 + \frac{1}{2}c_1^2 + h_1\right) + P_i \quad (5-13)$$

式中，$\Phi = \dfrac{Q}{\Delta\tau}$ 为热流量；$q_m = \dfrac{m}{\Delta\tau}$ 为质量流量；$P_i = \dfrac{W_i}{\Delta\tau}$ 为功率。

式（5－12）、（5－13）为一般开口系统的能量方程。

3）稳定流动系统

工程碰到的大多数问题都是稳定流动问题，只要热力设备在不变的工况下运行，那么它所处的状态就是稳定状态。所谓稳定，是指工质的流动状况不会随着时间变化。当处于稳定流动工况时，热力系统任意截面的一切参数不随时间变化，有：

$$\frac{\Delta E_{CV}}{\Delta\tau} = 0, \quad q_{m,\text{in}} = q_{m,\text{out}} = q_m$$

将上述条件代入式（5－13），并在等式左右同除以 q_m，可得到稳定流动能量方程，即：

$$q = \left(gz_2 + \frac{1}{2}c_2^2 + h_2\right) - \left(gz_1 + \frac{1}{2}c_1^2 + h_1\right) + w_i$$

$$q = \Delta h + \frac{1}{2}\Delta c^2 + g\Delta z + w_i \quad (5-14)$$

式中，q 为单位质量工质系统与外界交换的热量；w_i 为单位质量工质所做的功。

式（5－14）为稳定流动开口系统的能量方程。

5.2.3 热力学第二定律

热力学第一定律阐述了能量传递转换过程中的数量关系。如图5－8所示的不等温传热，$T_A > T_B$，根据热力学第一定律，我们可以知道一物体失去的热量正好等于另一物体得到的热量。但是热力学第一定律并未阐明热量传递的方向，即谁失去热量，谁又得到热量。根据日常生活中的经验，我们知道热量是从高温物体传向低温物体的，但是为什么会这样呢？扩展到其他一些我们司空见惯的现象，我们知道水由高处往低处流，电流由高电势指向低电势，

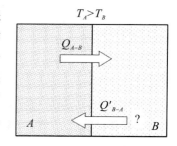

图5－8　不等温传热

气体从压力高的地方向压力低的地方扩散，为什么这些过程的方向都是确定的呢？同样，热力学第一定律也没有告诉我们上述这些过程进行到什么限度时停止。

我们知道，两个温度不同的物体相接触，一定会有热量 Q 从高温物体传向低温物体。那么反过来的过程，即热量 Q' 能不能从低温物体传向高温物体呢？只要 Q' 不大于 Q 就不违反热力学第一定律，但是这个过程能进行吗？答案是肯定的，但是这样的过程不能自发进行，它是有条件地进行。如果外界输入机械功，则热量就能从低温物体传向高温物体，比如制冷循环和热泵循环。

由以上讨论可知，热力学第一定律仅仅给出了能量转换过程的数量关系，能量转换过程中的其他一些特性，比如过程进行的方向、条件和限度，还需要有另外的原理来补充，这样才能全面深刻地掌握能量转换原理，更好地利用能量转换原理为我们服务。

热力学第二定律就是这样一个基本原理，它阐明了与热现象相关的各种过程进行的方向、限度和条件。热力学第一定律和热力学第二定律共同构成了整个热力学的理论基础。

1．热力学第二定律的表述

在工程实践中热现象普遍存在，所以热力学第二定律广泛应用于各个领域，比如热量传递、热功转换、化学反应、生物化学、生命现象等。针对不同领域，热力学第二定律都有自己不同的表述形式，其中以热量传递和热功转换两种表述最为经典。

1）热力学第二定律的克劳修斯表述

"热量不可能自发地、不付任何代价地从低温物体传递至高温物体"。这是克劳修斯（Rudolf Clausius，1822—1888）在 1850 年从热量传递的角度提出的热力学第二定律的一种表述。

如图 5-8 所示的例子，热量从低温物体传至高温物体不可能自发完成（热量从高温物体传至低温物体可以自发完成），它能有条件地完成，或者说它需要付出代价，那就是外界必须要输入机械功。

2）热力学第二定律的开尔文表述

"不可能制造出从单一热源吸热，并使热量全部转化为功而不留下其他任何变化的循环热力发动机"。这是开尔文（Lord Kelvin，1824—1907）和普朗克（Max Planck，1858—1947）等在 1851 年从热功转换的角度提出的热力学第二定律的一种表述。

热力学第二定律的开尔文表述指出来热变功所需要的条件。其实早在 1824 年，卡诺（Sadi Carnot，1796—1832）就提出了热能转换为机械能的根本条件，"凡是有温度差的地方都能产生动力"，也就是说，要使热能连续不断地转换为机械能，至少需要两个（或多于两个）温度不同的热源。

虽然克劳修斯说法和开尔文说法表述不同，但是它们是从不同的角度阐明同一个客观原理，所以它们是等价的，违反其中一种说法，必然会违背另一种说法。

热力学第二定律的确立也正式宣判了第二类永动机的死刑。从单一热源吸热并使之完全转变为功的动力机称为第二类永动机，第二类永动机不违反热力学第一定律，但是违背了热力学第二定律。因此，第二定律也可以表述为"第二类永动机不可能实现"。

2．卡诺循环

热力学第二定律只是从原理上阐明了能量转换过程的方向、限度和条件，并没有具体从实践上或者数量上给以相应指导。而实际上，对于工程实际来说，我们更关心的是在确定条件下，热力循环具体效率是多少，最高效率（即最大限度）又能达到多少，如何才能达到更高的效率。卡诺循环给了我们这一切答案。

如图 5-9 所示，这是卡诺在 1824 年提出的一个完美的理想循环。卡诺循环是工作于高温热源 T_1 和低温热源 T_2 之间的正向循环（动力循环），由四个可逆过程构成：$a-b$ 为定温吸热过程；$b-c$ 为绝热膨胀过程；$c-d$ 为定温放热过程；$d-a$ 为绝热压缩过程。可以导出卡诺循环的热效率为

$$\eta_C = 1 - \frac{T_2}{T_1} \qquad (5-15)$$

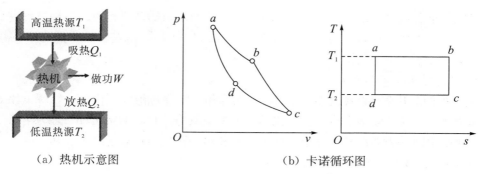

（a）热机示意图　　　　　　　　　（b）卡诺循环图

图 5-9　卡诺循环示意图

卡诺循环具有极为重要的理论意义和实际意义，它奠定了热力学第二定律的理论基础。虽然完全按照卡诺循环工作的热机是无法实现的，但是卡诺循环却给我们指明了提高循环热效率的根本方向以及极限值，即更高的吸热温度、更低的放热温度。

根据循环经济性指标的普遍定义，即经济性＝得到的收益/付出的代价，则动力循环热效率＝得到的功/吸收的热量。由卡诺循环热效率公式（5-15）可知，高温热源温度 T_1 趋向无穷大，低温热源温度 T_2 等于零都不可能实现，所以循环热效率必小于1，也就是说，在循环发动机中不可能将热全部转变成功，这其实就是热力学第二定律的基本思想。

如果高温热源温度等于低温热源温度，那么循环的热效率等于零，表明只有一个热源，从中吸热，并将之全部转变成功的热力发动机是不可能制成的——第二类永动机不可实现。要实现热功转换，最少要有两个或两个以上不同温度的热源，这是热功转换或者说热机工作的必要条件。

卡诺循环热效率取决于高温热源温度 T_1 与低温热源温度 T_2，提高 T_1 和降低 T_2 都可以提高其循环热效率——这就是我们提高循环热效率的基本方向，而我们的实践也正是以这个思想为指导进行的。比如电厂蒸汽动力循环的蒸汽温度越来越高，为了得到更低的放热温度，让做完功的蒸汽（乏汽）在真空的冷凝器中冷凝。

可以证明，在相同温限间工作的一切热机，卡诺热机的热效率最高，这是在给定温限间热变功的极限值。

5.2.4　热传递的三种方式

热传递现象是与人类生产生活关系最为密切的一种物理过程，从最基本的生火做饭、穿衣保暖到电子元器件的冷却保护甚至航空飞行器飞行时壳体的热防护，热量传递无时无处不在。在以热力作为主要动力源的热力发电厂中，热传递现象更是贯穿于发电厂的整个生产过程中：锅炉炉膛中的燃料燃烧形成高温火焰及烟气通过传热，将热量传递给受热面中的水；锅炉生产的蒸汽通过主蒸汽管道输送至汽轮机的过程中，要求管道保温措施得当，尽量减少散热损失；为提高汽轮机组的热经济性，保证冷凝器内的较高真空，应加强冷凝器的传热效果等。虽然热量传递过程广泛存在于各领域，传热问题形式千变万化，但是从热量传递的机理上来说，热量传递只有三种基本方式，即热传导、对流换热和辐射换热。

1. 热传导

依靠分子、原子及自由电子等微观粒子的热运动而产生的热量传递叫做热传导，简称为导热。热传导的特点是物体各部分之间不发生相对位移，比如固体内的热量由高温部分向低温部分传递。

最简单的导热问题如平板导热，考察一个平板导热，如图 5-10 所示，平板两侧表面都维持为均匀温度，平板厚度方向为 δ，当平板的温度只在厚度方向发生变化时，根据傅里叶定律（导热基本定律），单位时间通过厚度为 δ 的热量与平板两侧表面的温度差及侧面积 A 成正比，与壁厚 δ 成反比，则有：

$$\Phi = \lambda A \frac{t_{w1} - t_{w2}}{\delta} \tag{5-16}$$

式中　　Φ——热流量（W），即单位时间通过某一给定截面的热量；

λ——热导率或导热系数 [W/(m·K) 或 W/(m·℃)]，表征了材料导热性能的差异，一般金属材料的导热系数最高，液体次之，气体最小。

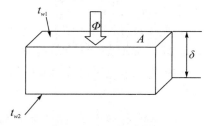

图 5-10　通过平板的导热

由式（5-16）可知，导热量与平板材料的导热性能关系密切，体现在式中的导热系数 λ。导热系数的大小与物体的物理性质以及温度等因素都有关系：金属的导热系数较高，如 20℃时纯铜的导热系数为 398 W/(m·K)、-100℃时为 421 W/(m·K)、400℃时为 379 W/(m·K)；气体的导热系数相对较小，20℃空气的导热系数为 0.0259 W/(m·K)；液体的导热系数大小介于金属与气体之间，比如 20℃水的导热系数为 0.599 W/(m·K)。我们习惯上把金属叫做热的良导体就是因为它的导热系数较大，导热性能较好，而把导热系数小的材料称为保温材料或绝热材料。

2. 对流换热

热对流是指由于流体的宏观运动，流体各部分之间冷热不均且发生相对位移而导致冷热流体相互掺混而引起的热量传递方式。热对流只能发生在流体中，此种形式的热量传递与流体的流动密切相关，由于产生热对流的流体中存在温差，所以热对流过程一定同时伴随着导热。对流换热分为自然对流和强制对流。自然对流是由于流体冷热部分密度不同引起的，比如暖气片附近的空气由于受热密度变小向上流动，周围的冷空气随之补充过来，从而形成了空气的一个循环流动，空气的循环流动将暖气片产生的热量带到房间各处。另一种由于外界力量驱动而产生的对流换热称为强制对流，比如由于风扇或水泵这一类动力源的驱动引起流体的流动而产生的对流。

工程中常遇见的热对流往往不是上述的单纯对流方式，一般是流体流过另一个物体表面时，发生在流体和物体表面之间的热量传递，称为对流换热，这个热量传递过程包含了导热和热对流。

对流换热的基本计算公式是牛顿冷却公式（Newton's law of cooling）：

流体被加热

$$\Phi = hA(t_w - t_f) \qquad (5-17)$$

流体被冷却

$$\Phi = hA(t_f - t_w) \qquad (5-18)$$

式中　　h——对流换热系数（或表面传热系数）［$W/(m^2 \cdot K)$ 或 $W/(m^2 \cdot ℃)$］，对流换热系数与换热过程中的诸多因素有关，比如流体的物理性质、流体的流速、换热表面的形状等；

t_w，t_f——分别表示壁面温度和流体温度（K 或℃）；

A——有效换热面积（m^2）。

研究对流换热的任务就是为了给出各种具体场合下的对流换热系数的关系式。而对流换热系数的大小与对流换热过程中的众多因素有关，不仅与流体的物理性质、流动状态等有关，还与换热壁面的几何因素如位置、形状大小等密切相关。表 5-2 给出了几种常见的对流换热系数的大致范围。从对流传热的方式来说，强制对流方式的传热效果好于自然对流方式，有相变的对流传热比无相变的对流传热强烈，就介质来说，液体的对流换热比气体的对流换热强烈。

表 5-2　几种常见的对流换热系数范围

对流换热过程	$h/$［$W/(m^2 \cdot K)$］
自然对流：	
水	200～1000
空气	1～10
强制对流：	
水	1000～1500
气体	20～100
高压水蒸气	500～35000
相变换热：	
水的沸腾	2500～35000
水蒸气凝结	5000～25000

3. 辐射换热

热辐射是一种与导热、对流换热完全不同的热量传递方式，它是通过电磁波的形式来传递能量，通过辐射的方式热量由高温物体传递给低温物体称为辐射换热，例如，锅炉炉膛内的高温火焰，其热量的 90% 就是以热辐射的方式传递。导热和对流换热必须在物质的前提下才可进行，如相互接触等，而辐射换热的物体间不需要接触或介质。

实验表明，物体的辐射能力与物体本身的温度有关，同一温度下不同物体的辐射能力也不相同。黑体的辐射能力是在同温度物体中最大的。黑体在单位时间内向外辐射的能量由斯忒藩－波尔兹曼（Stefan-Boltzmann）定律描述，又称为四次方定律，它是辐射换热计算的基础：

$$\Phi = A\sigma T^4 \tag{5-19}$$

式中　　σ——黑体辐射常数，一般取 5.67×10^{-8} W/（m²·K⁴）；

　　　　T——黑体的热力学温度（K）；

　　　　A——辐射表面积（m²）。

实际物体辐射换热量的计算可以采用斯忒藩－波尔兹曼定律的经验修正公式，即：

$$\Phi = \varepsilon A\sigma T^4 \tag{5-20}$$

式中，ε 为实际物体的发射率，即黑度，它总是小于 1 的。

5.3　热力发电厂的生产过程

热力发电一般是指利用石油、煤炭和天然气等常规燃料燃烧产生热能来发电的方式的总称。图 5-11 为热力发电厂工作原理示意图。

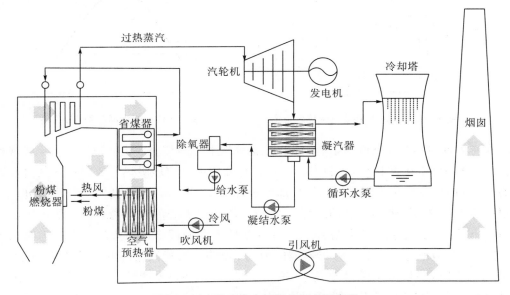

图 5-11　热力发电厂工作原理示意图

经过处理的粉煤利用皮带传送至发电锅炉内燃烧，燃烧生成的高温火焰和烟气将热量传递给已预热的给水，给水吸热变成高温高压的过热蒸汽，放热后的烟气经过除尘、脱硫等处理后通过烟囱排至大气。过热蒸汽则进入汽轮机膨胀做功，汽轮机以 3000 r/min的速度带动发电机一起旋转，发电机与励磁机配合发出电能供给用户。在汽轮机做功后的蒸汽称为乏汽，乏汽在凝汽器中经循环水冷凝后重新经过回热加热器、省煤器预热进入锅炉，如此往复循环，源源不断对外输出电能。

5.3.1　热力发电厂的基本循环——朗肯循环

水蒸气是工业历史上最早被大规模使用的工质，目前世界大部分电力来自火电厂，其中绝大部分来自蒸汽动力。由于水及水蒸气不能助燃，无法像气体那样直接燃烧成为高温高压燃气工质，所以蒸汽动力装置必须配备蒸汽发生装置。例如常规燃料火力发电厂、核电厂、地热发电厂等，它们的主要区别仅在于蒸汽发生装置不同，在热能到机械能的转换部分，即原动机系统设备是基本相同的。所有这些采用水蒸气为工质的动力装置，它们都是以朗肯循环为基础发展起来的。

1. 朗肯循环及其热效率

最简单的电厂热力系统就是朗肯循环所描述的热力系统，由锅炉、汽轮机、冷凝器和给水泵等组成。图5—12为简单蒸汽动力装置示意图，其对应的理想循环即朗肯循环见图5—13。工质在上述设备中依次进行：定压吸热—绝热膨胀—定压放热—绝热压缩四个过程。

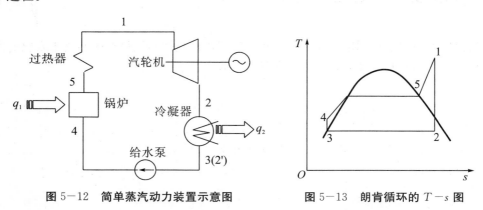

图 5—12　简单蒸汽动力装置示意图　　　　图 5—13　朗肯循环的 $T-s$ 图

在压力近似不变的条件下，锅炉中的液态水吸收燃料燃烧放出的热量，汽化成饱和蒸汽，如图5—13中的状态5。饱和蒸汽在过热器中继续定压吸热，成为过热蒸汽，如状态1，此时的蒸汽称为新蒸汽，整个加热过程为4—5—1。高温高压的新蒸汽进入汽轮机中逐级绝热膨胀做功，做功过程为1—2。做功完了的蒸汽称为乏汽，从汽轮机排汽口排出后进入冷凝器，也是在压力不变的条件下向循环冷却水放热，冷凝为饱和水（状态3），相应的过程为2—3。冷凝器内为真空状态，现代汽轮机组冷凝器内的压力为4000～5000 Pa，相应的饱和水温度在29℃～33℃，比环境温度稍高。从冷凝器出来的凝结水在给水泵绝热压缩升压送至锅炉加热，相应的过程为3—4，至此整个循环完成。

用 η_t 表示循环热效率，有：

$$\eta_t = \frac{w_{net}}{q_1} = \frac{w_T - w_P}{q_1} = \frac{(h_1 - h_2) - (h_4 - h_3)}{h_1 - h_4} \qquad (5-19)$$

式中　　w_{net}——循环净功，等于汽轮做功量与水泵耗功量之差；

　　　　q_1——循环吸热量；

　　　　w_T——汽轮机所做的功；

　　　　w_P——水泵所耗的功量；

　　　　h——各状态点的焓。

当初压水平较低时，泵功可忽略不计，此时 $w_{net} = w_T$，则循环热效率为

$$\eta_t = \frac{w_{net}}{q_1} = \frac{w_T}{q_1} = \frac{h_1 - h_2}{h_1 - h_4} = \frac{h_1 - h_2}{h_1 - h_{2'}} \qquad (5-20)$$

若以吸热平均温度和放热平均温度来表示循环热效率，则有：

$$\eta_t = \frac{w_{net}}{q_1} = 1 - \frac{q_2}{q_1} = 1 - \frac{\overline{T_2}}{\overline{T_1}} \qquad (5-21)$$

式中　　$\overline{T_1}$——吸热平均温度（K）；

　　　　$\overline{T_2}$——放热平均温度（K）。

2. 蒸汽参数对循环热效率的影响

所有热力发电厂都是以朗肯循环为基础，朗肯循环热效率的高低实际上直接影响着发电厂的热经济性，热效率直接反映了电能生产过程中最大的一项损失即冷源损失。因此，各种提高朗肯循环热效率的方法其实也就是提高发电厂热经济性的最根本且最有效的方法。由热效率公式（5-20）可知，要想提高循环热效率，应该改变循环中放热量与吸热量的比值，尽可能地提高吸热温度，降低放热温度，提高蒸汽初参数及降低蒸汽终参数均可达到目的。

1）提高蒸汽初温

在相同的蒸汽初压及背压情况下，提高蒸汽初温可使循环热效率增大。如图 5-14 所示，当蒸汽初温由 T_1 升高到 T_2 时，相当于循环的高温加热段增加了，循环平均吸热温度由 $\overline{T_1}$ 升高到 $\overline{T_{1'}}$。而此时，平均放热温度并没有发生变化，循环温差增大，热效率增大，热经济性得到提升。同时，由于蒸汽初温的提高，使得汽轮机末级（状态 2）排汽的干度增大，这对汽轮机的安全运行和延长汽轮机的使用寿命都是有利的。

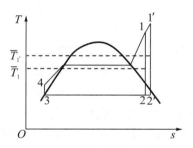

图 5-14　不同蒸汽初温的朗肯循环

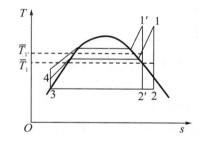

图 5-15　不同蒸汽初压的朗肯循环

蒸汽初温的提高受到材料耐热性能、材料强度以及材料价格的限制。碳素低合金钢价格低廉，但耐热性能一般，其允许的蒸汽温度在 450℃ 以下，中级合金钢的珠光体钢为 510℃～520℃，高级合金钢的珠光体钢为 550℃～570℃；奥氏体钢可在 580℃～600℃ 的高温下使用，但其价格为珠光体钢的 5～7 倍，且机械性能较差。目前世界各国一般将蒸汽初温设计为 550℃ 以下，我国的中、低压机组蒸汽温度一般选取 390℃～450℃，以便使用低价的碳素合金钢，高压及以上机组的蒸汽初温一般选取 500℃～565℃，这样可采用低合金元素的珠光体钢。随着科学技术的发展，冶金工业水平的不断进步，机组的初温也在不断地提高。

2）提高蒸汽初压

当蒸汽初温及背压不变时，提高蒸汽初压也可使循环热效率增大。如图 5-15 所示，当蒸汽初温由 p_1 升高到 p_2 时，由于吸热压力的升高，循环平均吸热温度相应增大，由 $\overline{T_1}$ 升高到 $\overline{T_{1'}}$，在平均放热温度没有发生变化的情况下，循环温差增大，热效率提高。需要注意的是，提高初压从而提高吸热温度这一结论只在一定的压力范围内才是正确的，但是对于现代发电厂应用的压力范围，提高初压总是能提高吸热温度。

蒸汽初压的提高会产生一些其他的问题，比如设备的强度问题。另一个比较突出的问题是初压的提高会使汽轮机末级排汽的干度迅速下降，导致乏汽中水分增多，这会使汽轮机效率降低。水分增多会对汽轮机叶片产生侵蚀，降低汽轮机使用寿命，同时还有可能引起汽轮机的震动，影响机组的安全运行。由蒸汽初温对循环的影响可知，如果提高初压的同时再提高初温，可抵消因单独提高初压而带来的乏汽干度下降的不利影响。

在工程实际应用中，蒸汽的初温和初压是配合选择的，并且还要考虑机组的容量，即采用较高初压力的同时也采用较高初温，采用较高蒸汽初参数时配用较大机组容量。我国电站蒸汽初参数及电站设备容量见表 5-3。

表 5-3　我国电站蒸汽初参数及电站设备容量

机组类型	锅炉出口		汽轮机进口		机组容量
	蒸汽压力 p_B（MPa）	蒸汽温度 t_B（℃）	蒸汽压力 p_T（MPa）	蒸汽温度 t_T（℃）	功率（MW）
中压	2.6	400	2.4	390	0.675, 1.5, 3
	4.0	450	3.4	435	6, 12, 25
高压	9.9	540	8.8	535	50, 100
超高压	13.8	540/555	12.8	535	200
亚临界	16.8	555	16.2	535	300, 600
超临界	25.4	541	24.2	538	600

3）降低蒸汽终参数

蒸汽终参数主要是指机组的排汽压力，也叫背压。如图 5-16 所示，当蒸汽初温及蒸汽初压不变时，降低机组背压可使循环平均放热温度降低，而平均吸热温度不变，导致循环温差增大；同时，背压降低使汽轮机的做功增加，循环净功变大，所以降低背压可显著提高循环热效率。

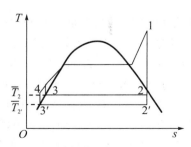

图 5-16　不同排汽压力的朗肯循环

凝汽式机组的背压取决于冷凝器中排汽的冷凝温度，而排汽冷凝温度主要受到冷却水进口温度（即环境温度）、冷却水流经冷凝器的温升以及冷凝器的换热端差的影响。

由于受自然条件和技术条件的限制，背压不可能无限制降低。对应于环境温度，现代汽轮机的排汽压力一般设计在 0.0029～0.0069 MPa 范围内。

虽然降低背压对提高机组经济性效果显著，但并不是说排汽压力越低越好。一方面，降低背压可提高机组热经济性；另一方面，背压的降低需要增加基本投资和运行费用，如冷凝器换热面积的增大将增加基本投资，循环冷却水量的增多将导致厂用电耗量增大。因此，任何一个机组都存在一个最佳背压值，在此背压值运行工况下，机组经济性最高。

5.3.2　再热循环和回热循环

简单朗肯循环所对应的纯凝汽式发电厂的热经济性是很低的，现代发电厂所采用的热力循环都不是简单的朗肯循环，而是在此基础上做了相应改进后形成的。其中最重要的两个改进是采用蒸汽中间再热和对给水进行回热加热，即再热循环和回热循环。

1. 再热循环

蒸汽中间再热就是将膨胀做功到中间某一压力的蒸汽从汽轮机中导出，送到锅炉中的再热器或其他特设的换热器中，使之加热后再引回汽轮机继续膨胀做功，如图5-17所示。采用中间蒸汽再热的循环就叫做再热循环。

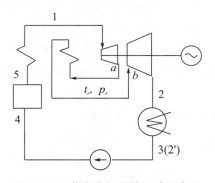
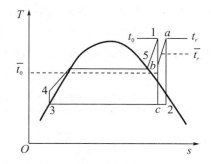

图 5-17　蒸汽中间再热系统示意图　　图 5-18　理想再热循环 $T-s$ 图

采用蒸汽中间再热的根本目的是提高排汽干度，保证汽轮机的安全运行。如图5-18所示，如果没有蒸汽再热过程，则蒸汽做功完的状态为 c；由于采用蒸汽中间再热（即增加的 ba 段），蒸汽的终止状态为 2 点，干度明显增大。再热可使蒸汽终态干度增大，这对于利用饱和蒸汽或微过热蒸汽作为工质的发电装置尤其重要，所以核电的压水堆发电、太阳能热力发电、地热发电等必须进行蒸汽中间再热。

1）再热循环及其热效率

虽然再热的基本目的是安全，但只要再热参数选取恰当，还可进一步提高机组的热经济性。如图5-18所示，可将再热循环看成一个由基本朗肯循环 1—b—c—3—4—5—1 和再热附加循环 b—a—2—c—b 构成的复合循环。可以推导出该复合循环（也即中间再热循环）的热效率为

$$\eta_t^{rh} = \frac{w_{\text{net}}}{q_{\text{吸}}} = \frac{q_1\eta_t + q_{rh}\eta_t^{ad}}{q_1 + q_{rh}} \qquad (5-22)$$

式中　　η_t^{rh}——再热循环热效率；

q_{rh}——再热循环的再热量，即附加循环吸热量；

η_t——基本朗肯循环热效率；

q_1——基本朗肯循环吸热量；

η_t^{ad}——附加循环热效率。

那么采用中间再热引起循环热效率的相对变化率为

$$\Delta\eta_t^{rh} = \frac{\eta_t^{rh} - \eta_t}{\eta_t} = \frac{\eta_t^{ad} - \eta_t}{\eta_t\left(1 + \dfrac{q_1}{q_{rh}}\right)} \qquad (5-23)$$

由式（5-23）可知，只要 $\eta_t^{ad} > \eta_t$，即附加循环的热效率高于基本循环热效率，采用中间再热就可以提高循环的热经济性，否则，采用中间再热对循环热效率的影响是消极的。

由图 5-18 可知，对于基本循环和附加再热这两个循环来说，平均放热温度是相同的。根据热效率公式，热效率的大小主要取决于基本循环和附加循环各自的平均吸热温度，要使附加循环热效率大于基本循环热效率，只要附加循环的平均吸热温度 $\overline{t_r}$ 高于基本循环的平均吸热温度 $\overline{t_0}$ 即可。而 $\overline{t_r}$ 主要取决于再热的最终温度 t_r 和再热压力 p_r，一般情况下，机组再热温度与蒸汽初温相同，即 $t_r = t_0$，此时 $\overline{t_r}$ 主要取决于再热压力 p_r。而再热压力对循环热效率有两种截然不同方向的影响，则必然存在一个最佳再热压力使得再热循环效率达到最大值。一般地，当再热温度 t_r 等于蒸汽初温时，最佳再热压力为蒸汽初压力的 18%～26%。表 5-4 列出了部分国产中间再热机组的初参数和再热参数。

表 5-4　部分国产中间再热机组的初参数和再热参数

机组型号	容量 (MW)	初参数		再热参数		p_r/p_0
		压力 (MPa)	温度 (℃)	压力 (MPa)	温度 (℃)	%
N125－13.24/550/550	125	13.24	550	2.55	550	19
N200－12.75/535/535	200	12.75	535	2.47	535	19
N300－16.18/550/550	300	16.18	550	3.58	550	22
N600－16.67/537/537	600	16.67	537	3.71	537	22

蒸汽中间再热需额外设置再热器及相应再热管道，使汽轮机结构、电厂布置及运行方式复杂化，设备投资和安全运行成本及维护费用增加，因此通常只在 100 MW 以上的大功率高参数机组上才采用蒸汽中间再热，而一般的热力发电厂只采用一次中间再热，超超临界机组有可能采用二次再热。选择合理的再热参数，一次再热可提高热经济性 4%～6%；超临界机组的两次再热较一次再热又可提高热经济性 2% 左右。

2）蒸汽再热方法

根据蒸汽再热的加热介质不同，常用的蒸汽再热方法有烟气再热法和蒸汽再热法。

烟气再热法是利用锅炉的烟气来加热蒸汽的，其再热系统简图如图 5-17 所示。再热的蒸汽（高压缸排汽）从汽轮机中导出，送入设置在锅炉里的再热器中，利用高温烟气加热使其具有一定的过热度，再通过再热管道引回汽轮机中继续做功。采用烟气再热可以使蒸汽温度达到 550℃～600℃，可使热经济性相对提高 6%～8%。热经济性高是烟气再热法的突出特点，使其广泛应用于常规火电厂中。但是由于汽轮机与锅炉之间的距离较远，再热管道较长，再热蒸汽在管道中要产生额外的流动损失，使再热带来的机组热经济性的相对提高幅度减少 1%～1.5%。此外，较长的再热管道中储存的大量再热蒸汽在甩负荷时容易引起机组超速，为保证安全运行，需要设置专门的调节系统及必要的旁路系统，系统更复杂，相应的投资费用和运行维护费用增加。

　　顾名思义，蒸汽再热法即是利用蒸汽来加热再热蒸汽，一般采用新蒸汽或者汽轮机抽汽作为加热蒸汽，如图 5—19 所示。采用蒸汽作为加热热源，其加热温度没有烟气高，所以再热后的蒸汽温度较低，通常不超过 400℃，其热经济性较烟气再热法低，只能相对提高 2%～4%。蒸汽再热法的再热器结构简单，价格便宜，再热器可布置在汽轮机旁，再热管道短，流动阻力损失大大减小，同时汽轮机超速的危险性降低，使得再热系统的调节控制系统简单。但是，由于热经济性较低的原因，常规电厂极少单独采用这种再热方式，即使设置了蒸汽再热也只是作为再热温度调节的一种方法配合烟气再热使用而已。这种蒸汽再热法在核电站中得到了比较广泛的应用。核电站一般采用微过热或饱和蒸汽，它的高压缸排汽湿度已非常高，必须对高压排汽进行去湿再热后再进入低压缸做功。核电站一般在高低压缸之间设置外置式汽水分离再热器，采用蒸汽二级加热的方式对高压缸排汽进行再热，高压缸抽汽作为第一级加热热源，新蒸汽作为第二级加热热源，如图 5—20 所示。

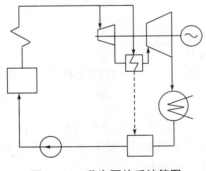
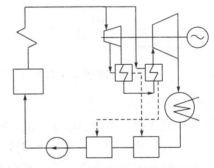

图 5—19　蒸汽再热系统简图　　　　　图 5—20　二级蒸汽再热系统简图

　　2. 回热循环

　　导致朗肯循环热效率不高的主要原因有二：一是平均吸热温度不高，二是必须要对冷源（低温热源）放热的冷源损失。由于水的加热过程及蒸汽的过热过程是不等温过程导致平均吸热温度不高，如图 5—13 中的 4—5—1 过程，尤其是经给水泵升压后进入锅炉的过冷水加热过程，水的温度过低，与循环的最高温度相差较多，同时也与锅炉里的烟气温差极大，这样一个温差极大的不等温传热过程，其不可逆损失较大。而回热恰好可部分消除以上不利影响，使循环热效率得到明显提高。所谓回热，就是把原本应该放给冷源的热量用来加热工质，这样可以减少工质从高温热源的吸热量。

1) 抽汽回热

如上所述，回热是将本来应放给冷源的热量用来加热工质，但是对于蒸汽动力循环来说，由于乏汽温度较低，只比升压后的过冷水稍高一些，乏汽在凝汽器中传给冷却水的那部分热量用来加热给水无实际意义。目前工程上实际采用的回热方法是从汽轮机的某些中间级后抽出一部分温度压力相对较高的蒸汽来加热低温给水，使锅炉入口的给水温度相应提高，从而使工质在锅炉内的平均吸热温度升高，这样，抽汽对给水加热的换热温差比锅炉烟气对给水的换热温差小得多，减小了循环整个加热过程中的不可逆损失；同时，由于抽出的那部分蒸汽并没有经过凝汽器，即没有向冷源放热，而是用来加热工质，使循环的冷源放热损失降低。这种使用汽轮机抽汽进行回热加热的方式称为抽汽回热，相应的循环称为抽汽回热循环。

抽汽回热可以只有一级，也可以是多级，现代凝汽式机组的回热级数从 1~3 到 7~8 级均有。一般来说，容量越大、参数越高的机组所采用的回热级数就越多。图 5-21 为一级抽汽回热循环装置简图。

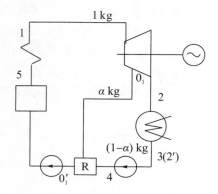

图 5-21　一级抽汽回热循环装置简图

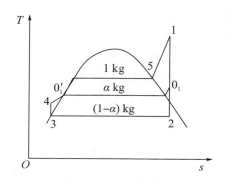

图 5-22　一级抽汽回热循环 $T-s$ 图

2) 回热循环及其热效率

回热加热过程在回热加热器中完成，现代电厂广泛采用的加热器形式有表面式和混合式。在表面式加热器中，加热蒸汽和被加热给水不相接触，它们之间的换热通过金属表面完成；在混合式加热器中，蒸汽和给水直接接触换热。

图 5-21 所示的是一个简单的混合式一级抽汽回热装置，其对应的抽汽回热循环 $T-s$ 图如图 5-22 所示。由图 5-22 可知，单位质量状态为 1 的新蒸汽进入汽轮机做功；在某级后有 α kg 的蒸汽被抽出作为回热加热蒸汽使用，此时它的状态为 0_1；剩余的 $(1-\alpha)$ kg 蒸汽继续在汽轮机中做功，然后进入冷凝器凝结放热，变成冷凝水（状态 $2'$）；α kg 抽汽和 $(1-\alpha)$ kg 冷凝水在混合式回热加热器中混合换热，形成 1 kg 的饱和水（状态 $0_1'$）；最后该 1 kg 水被送入锅炉加热，汽化成为新蒸汽，如此往复循环。该回热循环的热效率为

$$\eta_t^r = \frac{w_{\text{net}}}{q_1} = \frac{(h_1 - h_{0_1}) + (1-\alpha)(h_{0_1} - h_2)}{h_1 - h_{0_1'}} \tag{5-24}$$

可以证明，回热循环的热效率总是大于基本朗肯循环的热效率。

抽汽回热除了可以显著提高循环热效率外，还会为电厂其他设备带来有利影响。对锅炉设备而言，由于回热使给水的吸热量减少，对锅炉设备来说，热负荷减小，因此可减少锅炉受热面，节省高温金属材料。在汽轮机设计中，为保证汽轮机效率，第一级叶片不能太短以减小叶高损失，而末级叶片不能太长以减小余速损失，采用抽汽回热正好有助于解决这些矛盾。抽汽回热使做功的蒸汽量减少，因此回热循环的汽耗率增大，实际情况就是抽汽级之前的蒸汽流量要增加，而抽汽之后（即末几级叶片）的蒸汽流量减小。抽汽前蒸汽流量的增加有利于增加汽轮机第一级叶片的高度，而末几级叶片蒸汽流量的减小有利于减小末级叶片的通流面积，这对汽轮机设备来说是非常有利的。另外，由于抽汽的原因使得进入冷凝器的乏汽量减少，即热负荷减小，冷凝器的换热面也可相应减少。因此，尽管抽汽回热要增加回热器、水泵、相应管道及阀门的投资，使得成本上升的同时电厂热力系统也趋于复杂化，但是由于抽汽回热显著的优点，现代大中型电厂都毫无例外地采用了抽汽回热循环。

　　3）影响回热过程热经济性的因素

从理论上来说，回热级数越多，循环热效率越高，当回热趋于无穷级数时，该循环称为概括性卡诺循环，其热效率与卡诺循环热效率相等。但是现有技术水平无法完成无穷多级数的回热，同时随着回热级数的增加，循环热效率增加的幅度将逐步减小，回热系统的复杂程度和投资费用却随着级数的增加而增加，所以实际采用的回热级数都是有限的。一般小容量低参数机组的回热级数采用 1~3 级，大容量高参数机组的回热级数可达到 7~8 级。

5.4　热力发电厂的主要设备

5.4.1　锅炉设备

锅炉是一种燃烧化石燃料以产生蒸汽（或热水）的热力设备。在锅炉中，通过燃烧将化石燃料的化学能转变成热能，并通过传热过程将能量传递给水，产生规定参数的蒸汽（或热水），提供汽轮发电机组（或用热设备）。在火力发电厂，锅炉是三大主机之一。在各种工业企业的供热系统中，锅炉也是重要的组成部分。

　　1. 锅炉的构成

锅炉由锅炉本体和辅助设备组成。

锅炉本体是锅炉的主要组成部分，由燃烧系统、汽水系统，以及连接管道、炉墙和构架等部分组成。燃烧系统由炉膛、烟道、燃烧器、空气预热器等组成，其主要作用是使燃料在炉内良好燃烧，放出热量。汽水系统由省煤器、汽包、下降管、联箱、水冷壁、过热器、再热器等组成，其主要任务是有效吸收燃料放出的热量，使给水蒸发并形成具有一定温度和压力的过热蒸汽。此外，连接管道用于烟道与风道的连接，炉墙用来构成封闭的炉膛和烟道，构架用来支承和悬吊汽包、锅炉受热面、炉墙等。

锅炉辅助设备主要包括燃料供应设备、燃料制备设备、通风设备、水处理及给水设备、除尘除灰设备、脱硫设备、仪表及自动控制设备等。燃料供应设备主要包括燃料装卸和运输机械等，其主要作用是将燃料由储煤场送到锅炉房。燃料制备设备主要包括原煤斗、给煤机、磨煤机、分离器、排粉风机及输送管道等，其主要作用是将原煤干燥并制成合格的入炉燃料。通风设备主要包括送风机、引风机、风道、烟道和烟囱等，其主要作用是提供燃料燃烧和干燥所需的空气，并将燃烧生成的烟气排出炉外。水处理及给水设备由水处理设备、给水泵和给水管路组成，其主要作用是可靠地向炉内提供符合标准品质的给水，并防止锅炉水汽系统结垢、积盐和腐蚀。除尘除灰设备的主要任务是清除燃料燃烧后的灰渣和烟气中的飞灰。脱硫设备的主要任务是去除烟气中的二氧化硫，减少污染排放。仪表及自动控制设备主要包括热工测量仪表、计算机及自动控制设备等，主要作用是测量和调控汽、水、风、烟等工质参数，维持锅炉的安全高效经济运行。

2. 锅炉的工作过程

锅炉内部同时进行着燃料燃烧、烟气向工质传热、工质受热汽化三个过程。下面以图5-23所示的具有中间再热、配直吹式制粉系统的煤粉锅炉为例，说明锅炉的主要工作过程。

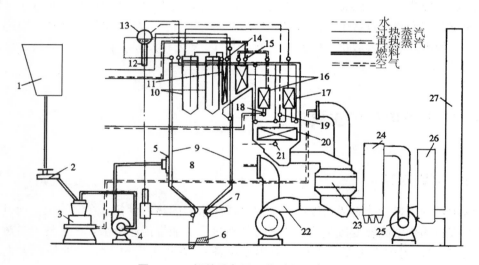

图5-23　锅炉设备及工作过程示意图

1—原煤斗；2—给煤机；3—磨煤机；4—排粉风机；5—燃烧器；6—排渣装置；7—下联箱；8—炉膛；9—水冷壁；10—屏式过热器；11—高温过热器；12—下降管；13—汽包；14—过热器出口联箱；15—再热器出口联箱；16—再热器；17—低温过热器；18—再热器进口联箱；19—省煤器出口联箱；20—省煤器；21—省煤器进口联箱；22—送风机；23—空气预热器；24—电除尘器；25—引风机；26—脱硫装置；27—烟囱

原煤斗1中的煤靠自重落下，经过给煤机2进入磨煤机3中，煤在磨煤机中被由空气预热器23来的热风干燥，磨制成合格的煤粉。通过排粉风机4经燃烧器5，煤粉被喷入炉膛8的空间中燃烧放热，燃烧生成的高温火焰和烟气在炉膛8和烟道中以不同的换热方式依次将热量传递给水冷壁9（辐射换热）、屏式过热器10（半辐射、半对流换热)、高温过热器 11（对流换热）、再热器 16（对流换热）、低温过热器 17（对流换热）、省煤器 20（对流换热）和空气预热器 23（对流换热）。烟气离开锅炉时，温度已经较低，然后进入电除尘器 24 除去绝大部分灰粒，经引风机 25 进入脱硫装置 26 除去大部分 SO_2，最后通过烟囱 27 排至大气中。

　　燃料燃烧需要的空气，经送风机 22 送入空气预热器 23，被烟气加热成热空气后分成两部分，其中一部分通过燃烧器 5 直接送入炉膛 8，主要起混合、强化燃烧的作用，称为二次风；另一部分进入磨煤机 3，用于干燥和输送煤粉，这股携带煤粉的空气称为一次风。燃料燃烧后生成灰渣，灰渣由炉膛下部的排渣装置 6 排出，较细的飞灰由烟道尾部的电除尘器 24 收集，收集的干灰可以综合利用，也可与渣一起经灰渣泵送往灰场。

　　给水经给水泵升压后送入省煤器 20，被烟气加热，然后进入汽包 13。汽包里的水沿下降管 12 至水冷壁的下联箱 7 再进入水冷壁 9，水在水冷壁中吸收炉内高温火焰和烟气的辐射热量，部分水变成水蒸气，在水冷壁管中形成汽水混合物。汽水混合物向上流入汽包，在汽包中由汽水分离装置进行汽水分离。分离出来的水留在汽包下部，与连续送入汽包的给水一起再通过下降管又进入水冷壁吸热，形成自然循环。

　　而分离出的饱和蒸汽进入过热器，被进一步加热成过热蒸汽。过热蒸汽经过蒸汽管道进入汽轮机高压缸做功，蒸汽在汽轮机高压缸做功后，温度、压力都下降，又引回锅炉再热器 16，再次加热达到规定参数后送往汽轮机的中压缸继续做功。

　　现代锅炉是一个十分复杂、具有高度技术水平的设备，各部分的组成决定于锅炉的容量、蒸汽参数和燃料的性质，也决定于工作的可靠性、经济性以及自动化水平。

　　3. 锅炉的分类

　　按用途可以分为生活锅炉、工业锅炉和电站锅炉。

　　按蒸汽压力可以分为低压锅炉（出口蒸汽表压≤2.45 MPa），中压锅炉（表压 2.94～4.90 MPa），高压锅炉（表压 7.84～10.8 MPa），超高压锅炉（表压 11.8～14.7 MPa），亚临界压力锅炉（表压 15.7～19.6 MPa），超临界压力锅炉（表压 24.0～28.0 MPa），超超临界机组（表压达到 28.0 MPa 以上，或主蒸汽温度和再热蒸汽温度为 593℃及以上）。

　　按燃料种类可以分为燃煤锅炉、燃油锅炉和燃气锅炉等。

　　按燃烧方式可以分为火床炉、室燃炉、旋风炉、流化床炉等。目前，电站锅炉以燃烧煤粉为主，称为室燃炉。

　　按工质在蒸发受热面中的流动方式可以分为自然循环锅炉、强制循环锅炉。其中，强制循环锅炉又分为控制循环锅炉、直流锅炉和复合循环锅炉。

　　4. 锅炉容量和参数

　　1）锅炉容量

　　锅炉容量是指每小时产生的蒸汽量，单位为 t/h，分为额定蒸发量和最大连续蒸发量两种。

　　锅炉额定蒸发量是指锅炉在额定蒸汽参数、额定给水温度和使用设计燃料，并保证热效率时的蒸发量。

　　锅炉最大连续蒸发量是指锅炉在额定蒸汽参数、额定给水温度和使用设计燃料下，长期连续运行时所能达到的最大蒸发量。

2）锅炉的参数

锅炉的蒸汽参数是指锅炉过热器和再热器出口的额定蒸汽压力和额定蒸汽温度。中国锅炉的蒸汽参数及容量情况见表 5—5。

表 5—5　中国锅炉的蒸汽参数及容量情况

参数			最大连续蒸发量（t/h）	发电功率（MW）
蒸汽压力（MPa）	蒸汽温度（℃）	给水温度（℃）		
2.5	400	105	20	3
3.9	450	145～155	35，65	6，12
		165～175	130	25
9.9	540	205～225	220，410	50，100
13.8	540/540	220～250	420，670	125，200
16.8	540/540	250～280	1025	300
17.5	540/540	260～290	1025，2008	300，600
25.4	571/569	282	1913	600
27.56	605/603	298	2950	1000

额定蒸汽压力是指蒸汽锅炉在规定的给水压力和规定的负荷范围内，长期连续运行时应保证过热器和再热器出口的蒸汽压力。

额定蒸汽温度是指蒸汽锅炉在规定的负荷范围内、额定蒸汽压力和额定给水温度下长期运行时必须保证过热器和再热器出口的蒸汽温度。

锅炉的给水温度是指省煤器进口的给水温度。

5．锅炉的性能指标

锅炉的性能指标主要包括经济性指标、可靠性指标等。

1）锅炉的经济性指标

锅炉的经济性指标是指热效率、成本等。

（1）锅炉热效率。

锅炉热效率是指锅炉有效利用的热量 Q_1 与燃料输入热量 Q_r 的百分比，即：

$$\eta_{gl} = \frac{Q_1}{Q_r} \times 100\% \tag{5-25}$$

实际中，只用锅炉热效率来说明锅炉运行的经济性是不够的，锅炉还有很多辅助设备如风机、水泵、吹灰器等，它们要消耗电能和蒸汽。在有效利用能量中减去这些能量消耗，则可得到净效率。一般锅炉热效率是指前者。锅炉净效率可用以下公式计算：

$$\eta_j = \frac{Q_1}{Q_r + \sum Q_{zy} + \dfrac{b}{B} \cdot 29270 \sum p} \times 100\% \tag{5-26}$$

式中，B 为锅炉燃料消耗量（kg/h）；Q_{zy} 为锅炉自用热耗（kJ/kg）；p 为锅炉辅助设备实际消耗功率（kW）；b 为电厂发电标准煤消耗量［kg/（kW·h）］。

（2）锅炉成本。

对于锅炉成本，除总投资外，还往往用每吨蒸汽所需的投资数来表示。由于钢材、耐火材料等价格在各个时期可能不同，并且成本受到劳动生产率、工资等影响，为便于比较，往往用占锅炉成本中最主要的一项即钢材消耗率来表示锅炉成本。钢材消耗率的定义为锅炉单位蒸发量所用的钢材重量，单位为 t/（t/h）。在设计制造锅炉时，一方面，当然希望尽可能降低钢材消耗，特别是各种贵重的耐热合金钢材的消耗量。但另一方面，还要考虑到运行的经济性，使锅炉有比较高的热效率。

2）锅炉的可靠性指标

锅炉的可靠性是锅炉技术水平的主要标志之一。锅炉的可靠性可用锅炉连续运行小时数、锅炉可用率及锅炉事故率等指标来表示。

锅炉连续运行小时数是指锅炉两次被迫停炉进行检修之间的运行小时数。

锅炉可用率是指在统计期间内，锅炉总运行小时数及总备用小时数之和，与该统计期间总小时数的百分比。

锅炉事故率是指在统计期间内，锅炉总事故停炉小时数与总运行小时数和总事故停炉小时数之和的百分比。

6. 锅炉的发展历史和趋势

1）锅炉的发展历史

18 世纪末叶，随着英国工业革命的迅速发展，对动力的需求大大增加，出现了工业用的圆筒型蒸汽锅炉。由于当时社会生产力的迅猛发展，蒸汽在工业上的用途日益广泛，不久就对锅炉提出了扩大容量和提高参数的要求。于是，在圆筒型蒸汽锅炉的基础上，从增加受热面入手，对锅炉进行了一系列的技术变革。锅炉主要向以下两个方向发展：

第一个方向是在锅筒内部增加受热面，形成了烟管锅炉系列。起初是在一个大锅筒内增加了一个火筒，形成单火筒锅炉。其后增加为两个火筒，形成双火筒锅炉。随着锅炉的进一步发展，在 19 世纪中期，出现了用小直径的烟管取代火筒的烟管锅炉，烟管锅炉的燃烧室也由锅筒内部移至锅筒外侧。后来又出现了烟管—火筒组合锅炉。

这类锅炉的共同特点是烟气在管内流动，水在大锅筒与小烟管之间被加热汽化。其炉膛一般都较矮小，炉膛四周又被作为辐射受热面的筒壁所围住，所以炉内温度低，燃烧条件差，难于燃用低质煤。烟气纵向冲刷壁面，传热效果也差，排烟温度很高，热效率低。这类锅炉的金属消耗量大，结构刚性大，受热后膨胀不均匀，胀接处易漏水，且水垢不易清除，蒸发量小，参数低（小于 1.5 MPa）。

第二个方向是在锅筒外部发展受热面，形成了水管锅炉系列。为了增加受热面，首先增加水筒数目，燃料在水筒外燃烧，水筒数目不断增加，发展形成很多小直径水管，从而形成水管锅炉。

早期出现的水管锅炉是整联箱横水管锅炉。由于整联箱尺寸太大，其强度难以保证，后来改为波形分联箱结构。这类锅炉由于水管接近水平放置，水循环不可靠，易出现故障，目前已不再生产。

20 世纪初出现了水管锅炉的另一个分支是竖水管锅炉。初期采用直水管，后来为了布置方便和增加弹性，直水管逐渐被弯水管代替。最初采用多个锅筒做成多锅筒弯水管锅炉，后来随着传热技术的发展，认识到炉膛中设置的水冷壁管的辐射传热比一般对流管束的吸热强度高得多，锅炉朝着增加辐射受热面、减少对流受热面的方向发展。同时，锅筒数目逐渐减少，出现了双锅筒锅炉、单锅筒锅炉，现在已经出现无锅筒的直流锅炉。

水管锅炉的出现是锅炉发展的一大飞跃，相比烟火管锅炉，水管锅炉在燃烧条件、传热效果和受热面布置等方面都得到了根本性的改善，锅炉容量、参数和热效率大为提高，金属消耗量大为下降。

总之，现代电站锅炉正朝着大容量、高参数的方向发展，亚临界、超（超）临界锅炉已经成为主流。工业锅炉也朝着简化结构、改善燃烧、提高效率、降低金属消耗和扩大燃料适应性的方向发展。

2）锅炉的发展趋势

截至 2009 年年底，中国发电装机容量达到 8.74 亿万千瓦，居世界第二位，仅次于美国。其中，火电 6.52 亿万千瓦，占 74.6％。

火电机组的效率随着蒸汽参数的提高而提高。根据实际运行的燃煤机组的经验，亚临界机组（17 MPa，538℃/538℃）的净效率为 37％～38％，超临界机组（24 MPa，538℃/538℃）的净效率为 40％～41％，超超临界机组（28 MPa，600℃/600℃）的净效率为 44％～45％。从供电煤耗看，亚临界机组为 330～340 g/(kW·h)，超临界机组为 310～320 g/(kW·h)，超超临界机组为 290～300 g/(kW·h)。根据能源资源状况和电力技术发展的水平，发展高效、节能、环保的超（超）临界火力发电机组势在必行。

在西方发达国家，从 20 世纪 50 年代起，超（超）临界锅炉就是其主要发展方向。1957 年美国投运第一台 125 MW 超临界试验机组，到 1986 年，共有 166 台机组投入运行，总功率达 111 亿千瓦，其中 800 MW 以上的机组 107 台，1300 MW 机组有 9 台投入运行，蒸汽参数大多为 24.11 MPa，538℃/538℃。美国电力研究院（EPRI）从 1986 年起就一直致力于开发 32 MPa，593℃/593℃/593℃带中间负荷的超超临界燃煤火电机组。

20 世纪 90 年代，日本投运的超临界机组蒸汽温度逐步由 538℃/566℃提高到 538℃/593℃，蒸汽压力则保持在 24～25 MPa，容量以 1000 MW 居多。三菱、东芝、日立等制造公司将发展超超临界机组的计划分为 3 个阶段：第 1 阶段，24.5 MPa，600℃/600℃参数已完成；第 2 阶段，计划采用 31.4 MPa，593℃/593℃/593℃参数；第 3 阶段，采用更高的 34.5 MPa，649℃/593℃/593℃参数。

欧洲超临界机组的参数大多为 25 MPa，540℃/540℃，机组容量中等，为 440～660 MW。德国 Lippendorf 电站 2 台容量为 930 MW，温度为 550℃/580℃的机组于 1999 年投入运行。丹麦 Nordjyllandsvaerker 电站 1 台容量为 411 MW，参数为 28.15 MPa，580℃/580℃/580℃，二次再热的燃煤超超临界机组于 1998 年投入运行，由于其采用冷却水温 10℃，锅炉排烟温度降到 100℃，锅炉效率达 95％，厂用电率达 7.16％，机组的净效率达到 47％。欧盟制订了/THERMIEO700℃先进燃煤火电机组的发展计划，开发参数为 35 MPa，700℃/720℃/720℃ 的超超临界火电机组，其净效率将达到 50% 以上。

苏联从 1963 年投运第一台 300 MW 超临界机组以来，到 1985 年有 187 台超临界机组投入运行，总功率达 6800 万千瓦，单机功率为 300 MW、500 MW、800 MW 和 1200 MW，蒸汽参数为 2315 MPa，540℃/540℃。

从新中国成立到 20 世纪 50 年代末，是我国电站锅炉发展的初始阶段。生产锅炉的参数为：40 t/h、65 t/h、130 t/h，压力为 3.822 MPa，过热温度 450℃。

1960 年到 1980 年的 20 年中，我国自主开发的电站锅炉品种、容量和参数都有较大发展，有燃煤、燃油锅炉，也有燃烧黑液、废气及生物质燃料的特种锅炉；有自然循环汽包炉，也有直流锅炉；有高压锅炉，也有中间再热亚临界压力锅炉；蒸发量有 220 t/h、400 t/h、670 t/h、1000 t/h。在这一阶段，锅炉参数经历了中温中压、高温高压到超高压和亚临界。

从 1980—1995 年，在引进消化吸收的基础上，上海、哈尔滨、德阳东方三大锅炉厂和上海发电设备成套设计研究所等开发了 300 MW、600 MW 等级机组的亚临界压力锅炉。1983 年首台引进型 1025 t/h 控制循环中间再热锅炉由上海锅炉厂制造，于 1987 年 7 月 12 日在山东石横电厂投入运行；首台引进型 600 MW 机组控制循环锅炉由哈尔滨锅炉厂制造，于 1989 年 11 月 14 日在安徽平圩电厂投入运行。

从 20 世纪 80 年代后期开始，我国也在稳步发展超临界和超超临界火电机组。2004 年，华能沁北电厂 2 台 600 MW 超临界机组投入运行。随后，华润常熟电厂等数十台国产化超临界 600 MW 机组相继投入运行，参数范围：主汽压力 23.54~25.0 MPa，主汽温度 538℃~566℃，再热蒸汽温度 540℃~566℃。

为了加快火力发电设备的更新换代，降低机组发电煤耗，满足日益严格的环保要求，我国已将超超临界燃煤发电技术列入高技术研究发展计划。今后重点发展的超临界锅炉参数为 25.4 MPa，571℃/569℃；超超临界锅炉的参数为 27.56 MPa，605℃/603℃；机组容量将主要为 600 MW 和 1000 MW 两种。

国内高硫煤、低热值煤产量较多，为满足环保 SO_2、NO_x 的排放要求及市场需求，20 世纪末，德阳东方、上海、哈尔滨三大锅炉厂积极开发大型循环流化床锅炉 (CFB)。目前，我国是世界上 CFB 锅炉装机容量最大的国家。自 1995 年首台 50 MW CFB 锅炉投运以来，已从高压、超高压发展到亚临界 300 MW 循环流化床锅炉。由东方锅炉自主设计制造的世界首台 600 MW 超临界 CFG 锅炉安装在四川白马循环流化床发电示范工程有限公司，这是目前世界上容量很大、参数最高的 CFB 锅炉，也是世界上第二台超临界 CFB 锅炉（首台 460 MW）。

5.4.2　汽轮机

汽轮机是热力发电厂的三大主机设备之一，它是以水蒸气为工质，将热能转换为机械能的一种高速旋转式原动机。与其他原动机相比，如燃气轮机、柴油机等，汽轮机具有单机功率大、效率高、运转平稳和使用寿命长等优点。

1. 汽轮机的发展历史

1）汽轮机的发展概述

自汽轮机出现距今已有一百多年历史。汽轮机的雏形可以追溯到我国古代劳动人民创造的一种民间工艺品——走马灯。如图 5-24 所示，"走马灯者，剪纸为轮，以烛嘘之，则车驰马骤，团团不休，烛灭则顿止矣。"走马灯内点上蜡烛，蜡烛燃烧产生的热量造成气体流动，热气流上升冲击顶端纸制叶轮，令轮轴转动。轮轴上有剪纸，烛光将剪纸的影投射在屏上，图像便不断走动，灯转动时看起来好像几个人在你追我赶，故名走马灯。走马灯其实是最原始的冲动式汽轮机的雏形。如图 5-25 所示，是由公元前150 年古希腊科学家希罗设计制造的希罗球。希罗球是支承在两根垂直导管上的空心球体，当用火加热下面容器内的水时，蒸发出来的蒸汽沿两根导管分别进入球内，从球体上两根相反方向的弯管喷出，由于喷汽的反作用力，球沿着与喷汽流动相反的方向旋转。希罗球是反动式汽轮机的雏形，也是历史上最早记载的喷汽动力装置。由于彼时的技术及经济条件限制，这些汽轮机雏形并没有进一步形成工业上可用的机器。

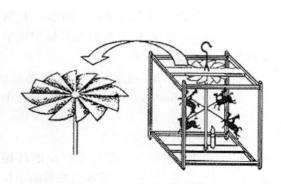 

图 5-24　走马灯结构示意图　　　　图 5-25　希罗球结构示意图

随着生产力的发展，作坊及工场的大规模出现刺激了工业用发动机的发明和制造。

1883 年，瑞典工程师拉法尔（Laval）设计制造了世界上第一台现代意义上的轴流冲动式汽轮机。这是一台功率为 3.8 kW 的单级汽轮机，其转速高达 26000 r/min。

1884 年，英国工程师帕森斯（Parsons）设计制造了世界上第一台多级轴流反动式汽轮机，并获得了实用专利，这是世界上第一个与汽轮机有关的专利。这台汽轮机转速为 17000 r/min，功率为 7.5 kW。

1900 年左右，美国工程师寇蒂斯（Curtis）设计制造了复速级汽轮机。几乎同时间，法国人拉托（Rateau）和瑞士人崔利（Zoelly）在拉法尔的单级汽轮机基础上分别制造出了多级冲动式汽轮机。

这些以不同能量转换方式制造出的汽轮机，形成了汽轮机最基本的两种类型，即冲动式汽轮机和反动式汽轮机。

1903—1907 年间，出现了热电联供形式的汽轮机，即背压式汽轮机和调节抽汽式汽轮机，在提供电能的同时，还可以满足其他工业部门的蒸汽需求。

1920 年，随着热力学理论的发展和蒸汽动力循环的改进，出现了带回热系统的汽轮机。这种形式的汽轮机可有效地提高汽轮机装置的循环热效率，一直到现在，几乎所有的现代热力发电厂都采用的是带回热循环的汽轮机。

1925 年，出现了中间再热式汽轮机。这种形式的汽轮机可有效地减小汽轮机末级的蒸汽湿度，保障汽轮机的安全运行，并可在合适的再热参数下提高循环热效率。

至此，现代电厂汽轮机的主要类型已基本具备。

20 世纪 30 年代是汽轮机发展最快的时期，在这一时期，出现了双流排汽缸、双轴设计、再热结构设计等。

20 世纪 40 年代，汽轮机结构形式基本固定，多缸单轴成为主流。汽轮机的单机功率也在逐步提高，40 年代主流汽轮机容量为 100 MW，60 年代为 700 MW。直到今天，汽轮机的主流容量仍然在 600～1000 MW，燃煤发电汽轮机的最大容量已超过 1200 MW，而核电汽轮机的单机功率甚至可达 1500 MW。单机功率提高的同时，为了保证较高的效率，蒸汽参数也在不断提高，目前蒸汽参数已可达到超临界甚至超超临界，最高蒸汽压力达到 31 MPa，最高蒸汽温度达到 620℃。

2）汽轮机的工业制造

随着人类社会的进步，对动力能源日益增长的需求，汽轮机在结构、制造工艺等方面得到了迅速发展，并形成了工业化生产。

西屋（Westinghouse）公司获得了帕森斯（Parsons）的专利，在 1895 年后开始生产汽轮机。1897 年，Westinghouse 公司生产出了 120 kW 的汽轮机，1900 年生产出了 1500 kW 的汽轮机。作为世界著名的汽轮机生产厂家，1998 年，Westinghouse 公司将汽轮机制造业务卖给了西门子（Siemens）公司。

BBC（Brown Boveri Co.）公司也是在帕森斯的专利基础上开始制造汽轮机的，于 1901 年生产出了 3000 r/min 的高转速汽轮机，功率达到 250 kW。1988 年，BBC 公司与 Asea 公司合并组成 ABB 公司，20 世纪 90 年代，ABB 公司将其汽轮机制造业务卖给了阿尔斯通（Alston）公司。

美国通用电气（General Electric，GE）公司的第一台汽轮机于 1901 年投入运行。这台汽轮机功率达到 500 kW，转速为 1800 r/min，有 2 个汽缸。GE 公司获得了多项汽轮机相关专利，对现代汽轮机的发展起到了重要作用，一直到现在，GE 公司都是著名的汽轮机制造公司。

经过 100 多年的发展，现在世界上著名的汽轮机生产厂商有美国的通用电气公司，英国的通用电气公司，德国的西门子公司，法国的阿尔斯通公司，瑞士的 ABB 公司，日本的三菱公司、东芝（Toshiba）公司和日立（Hitachi）公司，俄罗斯的列宁格勒金属工厂、哈尔科夫透平发动机厂等。

3）我国汽轮机制造业的发展

我国的汽轮机制造业起步相对较晚，1956 年上海汽轮机厂制造生产了我国第一台汽轮机，功率为 6 MW，其技术来源于苏联，此后陆续生产出 12 MW、25 MW、50 MW、100 MW、125 MW、200 MW 汽轮机。在其后大约 60 年间，中国的汽轮机制造业也经历了类似世界汽轮机的发展，经过技术引进、消化吸收，不断优化，完成了从中温中压到高温高压、从超高压到亚临界、从超临界到超超临界机组的制造过程，机组的各项基本性能指标基本达到了国外同类型机组的先进水平。至此我国建立了比较完善的汽轮机制造工业体系，并逐步达到了世界先进水平。目前我国已经能够制造 600～1000 MW 的超超临界参数汽轮机和 1000 MW 的核电汽轮机，正在研制的核电机组单机功率已达 1400 MW。同时，也能够制造先进的工业用和舰船驱动汽轮机。如今，我国的电力工业主要依靠国内制造厂商提供发电设备，总装机容量接近 7 亿千瓦，规模已达到世界第二，其中由汽轮机驱动发电的燃煤机组和核电机组约占 75%。

上海汽轮机厂、东方汽轮机厂（四川德阳）、哈尔滨汽轮机厂是我国三大汽轮机生产制造厂家，是我国的汽轮机主力生产厂家。上海汽轮机厂以设计、制造火电汽轮机、核电汽轮机和重型燃气轮机为主，兼产船用汽轮机、风机等其他动力机械。哈尔滨汽轮机厂可设计、制造百万千瓦以上的超超临界汽轮机、百万千瓦等级的核电汽轮机、舰船主动力蒸汽轮机和重型燃气轮机组。东方汽轮机厂的汽轮机产品在中国汽轮机市场的占有率超过 30%，努力开发研制超临界、超超临界大功率汽轮机，核电汽轮机，重型燃气轮机以及蒸汽燃气联合循环机组。目前，三大汽轮机制造厂的超临界 600 MW 汽轮机在引进技术的基础上已经形成了自主批量生产能力，1000 MW 的超超临界汽轮机也已投运。

另外，我国还有一些中小型汽轮机生产厂家，如杭州汽轮机厂、北京重型电机厂、青岛汽轮机厂、南京汽轮机厂等。

2. 汽轮机的特点及分类

1）汽轮机在国民经济中的地位

自首台单级冲动式汽轮机问世以来，汽轮机结构不断趋于完善，获得了快速发展，汽轮机很快就取代了以水蒸气为工质的第一代工业机器——往复式蒸汽机。作为一种在高温、高压、高转速下工作的重型精密动力机械，汽轮机的设计制造及发展涉及多个工业部门和学科领域，诸如材料技术、冶金工艺等基础研究领域，以及大量的技术装备技术。因此，汽轮机的制造水平是一个国家的科学技术和工业技术发展水平的标志之一。现代先进的高参数汽轮机进汽压力和进汽温度很高，超超临界汽轮机的新蒸汽压力大于 32 MPa，新蒸汽温度可达 600℃；我国常规火电机组汽轮机转速为 3000 r/min，半转速核电机组汽轮机为 1500 r/min，工业用驱动型汽轮机转速可能更高，高转速下的汽轮机叶片将产生巨大的离心力，如此高的温度压力以及转速对冶金工艺水平及金属材料性能要求颇高。作为高转速的、完全与大气隔绝的封闭动力机械系统，汽轮机的转动部件和静止部件之间的间隙配合及动平衡要求非常高，如转动部件和静止部件的间隙要求达到0.4～0.6 mm，高精度特点要求具有一流的加工及工艺技术水平。

作为最主要的原动机，汽轮机在能源、动力、交通等国民经济领域及国防领域都有着极其重要的地位。定转速汽轮机广泛应用于常规火电厂和核电厂中驱动发电机生产电能，汽轮机与发电机的组合称为汽轮发电机组，目前由汽轮发电机组发出的电能约占各种形式发电量的 80%。除此之外，汽轮机还被用作大型舰船的动力装置，可用以驱动航空母舰、各型舰艇、核潜艇的螺旋桨，也可作为工业动力源驱动泵、风机、压缩机等设备，此时汽轮机均为变转速运行。

2）汽轮机的工作特点

汽轮机自问世后即得到了迅速发展，并且很快取代了同样以蒸汽为工质的往复式机械——蒸汽机，这是由汽轮机固有的特点决定的。汽轮机是以蒸汽为工质的旋转式原动机，与其他热力发动机相比，汽轮机具有以下工作特点：

（1）单机功率大。

汽轮机内工质的流动速度高，单位时间内流入汽轮机内参与做功的工质数量庞大，因此汽轮机的单机功率大。目前汽轮机的单机功率最大可达 1500 MW 以上，这是其他任何种类发动机都望尘莫及的。

（2）工作寿命长。

作为高速旋转机械，汽轮机的主要运动部件都是做高速回转运动。工作中除了轴承外基本没有其他的机械磨损部件，故汽轮机工作平稳，振动噪音小，所需更换部件相对较少，因此汽轮机的寿命很长，一般可达 20 年以上。而其他往复式机械，运动复杂，部件受力状态不好，易磨损，工作时振动噪音较大，所需更换部件较多，因此其工作寿命短。优质高速柴油机的工作寿命为 5000 h，大功率低速柴油机虽然工作寿命较长，但其体积庞大，重量惊人。

（3）工作稳定。

汽轮机在连续运转工况时，工质连续不间断，其内部温度场、应力场稳定，汽轮机的主要部件受力稳定，而往复式机械的工质流动呈脉动状态，其内部的工质参数为周期性变化，各部件受到周期性的冲击荷载。因此，汽轮机相较于往复式机械，其工作状态更为稳定。

（4）汽轮机组可使用各种燃料。

汽轮机使用水蒸气作为工质，不直接与燃料发生联系，即所谓的外燃机，因此汽轮机组可利用各种燃料，如常规燃料煤、石油、天然气等，生物质能（如垃圾发电厂），核燃料（如核电厂）等。这也是其他种类发动机所不能比拟的。

（5）汽轮机组装置复杂。

汽轮机本体虽然简单，但是汽轮机组工作时需要蒸汽发生装置如锅炉以及大量辅助设备配合，因此其维护工作量及运行岗位相对来说较大。随着汽轮机组自动化运行水平的不断提高，这个问题得到了一定程度的改善。

3）汽轮机的分类

由于汽轮机的广泛应用，其类别、用途以及蒸汽参数和机组容量也各有不同，按不同的方法，汽轮机的主要分类如下：

（1）按工作原理分。

冲动式汽轮机：蒸汽只在静叶栅里膨胀的汽轮机。

反动式汽轮机：蒸汽在静叶栅和动叶栅里均有膨胀的汽轮机。

（2）按蒸汽的流动方向分。

轴流式汽轮机：蒸汽沿着轴向流动的汽轮机，大多数的汽轮机都是这种类型。

辐流式汽轮机：蒸汽基本沿着径向流动的汽轮机。

（3）按热力特性分。

凝汽式汽轮机：进入汽轮机的蒸汽做功完后全部进入凝汽器冷凝成水，这种汽轮机的排汽压力低于大气压力。

背压式汽轮机：进入汽轮机的蒸汽做功完后排出作为工业或生活之用，这种汽轮机的排汽压力高于大气压力。

抽汽式汽轮机：从汽轮机中间级中抽出部分具有一定压力和温度的蒸汽供其他用户使用，剩余蒸汽继续在汽轮机中做功，有一次抽汽和二次抽汽。这种汽轮机和背压式也可统称为供热式汽轮机。

中间再热式汽轮机：将在汽轮机若干级中做过功的蒸汽抽出（如汽轮机高压缸排汽），引入再热器进行再次加热后再回到汽轮机后面级（如汽轮机中低压缸）中继续做功。

（4）按蒸汽压力分。

低压汽轮机：新蒸汽压力为 1.2～1.5 MPa。

中压汽轮机：新蒸汽压力为 2.0～4.0 MPa。

高压汽轮机：新蒸汽压力为 6.0～10.0 MPa。

超高压汽轮机：新蒸汽压力为 12.0～14.0 MPa。

亚临界压力汽轮机：新蒸汽压力为 16.0～18.0 MPa。

超临界压力汽轮机：新蒸汽压力大于 22.1 MPa。

为进一步提高汽轮机装置的循环热效率，汽轮机正在超临界的基础上向更高压力和温度的方向发展，如超超临界汽轮机（Ultra Supercritical Turbine，USC）。目前国际上对超超临界汽轮机的蒸汽参数划分还没有统一的看法，一般认为新蒸汽压力达到 30～35 MPa，温度达到 593℃～650℃或者更高的参数就可称为超超临界。

上述分类中临界指的是水的临界点，水的临界状态参数为 22.1 MPa，374℃。物质都具有三态，水的三态分别是冰（固态）、水（液态）以及水蒸气（气态）。当水的压力和温度达到该临界参数时，因高温而膨胀的液态水的密度和因高压而被压缩的气态水的密度正好相同，二者参数不再有分别。此时，液态水和气态水没有区别，完全交融在一起，或者可以通俗地说，达到临界点后不再存在我们一般意义上的"水"了。

（5）按用途分。

电站汽轮机：在电厂中带动发电机工作的汽轮机，按蒸汽的产生方式不同，又可分为常规电站汽轮机和核电站汽轮机。

工业汽轮机：在厂矿企业中用以驱动或供本厂发电的汽轮机。

舰（船）用汽轮机：驱动大型舰船的螺旋桨或推进装置等的汽轮机。

（6）其他分类方式。

汽轮机还有其他很多的分类方式，如按汽轮机汽缸数目可分为单缸、双缸、多缸汽轮机，按布置方式可分为单轴、双轴汽轮机，按工作转速可分为定转速汽轮机和变转速汽轮机等。

3．汽轮机设备及汽轮机基本组成

汽轮机本身只是一个能量转换机械，必须由锅炉或其他蒸汽发生设备提供做功工质蒸汽，同时，还需要冷凝器、回热加热器、水泵等设备组成成套装置共同工作，才能带动发电机发电或者驱动其他机械。参见图 5−26，来自锅炉的高温高压蒸汽，经管道送至汽轮机内膨胀做功，将蒸汽热能转换为推动叶轮旋转的机械能，该机械能通过联轴器驱动发电机或其他机械；在热力发电厂中，做完功的乏汽通常被引至冷凝器内放热冷凝成水，该凝结水经给水泵升压后送至回热加热器加热后作为锅炉给水，如此往复循环。

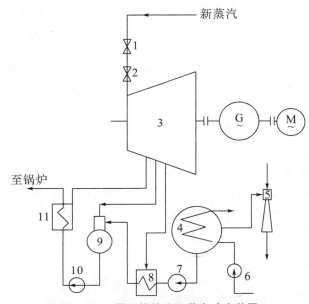

图 5−26　带回热的实际蒸汽动力装置

1−主汽门；2−调节汽门；3−汽轮机；4−凝汽器；5−抽汽器；6−循环水泵；7−凝结水泵；
8−低压加热器；9−除氧器；10−主给水泵；11−高压加热器

1）汽轮机设备及其系统

汽轮机设备及其系统主要包括汽轮机本体、给水回热加热系统、调节保安系统及其他辅助设备系统等。

汽轮机本体即汽轮机本身，它是完成蒸汽热能转换为机械能的汽轮机组的基本部分，由转动部分（转子）和固定部分（静子）组成。转动部分包括主轴、叶轮或轮鼓、叶片和联轴器等，固定部分包括汽缸、隔板、喷嘴、汽封、紧固件和轴承等。固定部分的喷嘴、隔板与转动部分的叶轮、叶片组成蒸汽热能转换为机械能的通流部分。

回热循环是提高电厂效率的措施之一，现代大型热力发电厂几乎毫无例外都采用了回热循环。回热加热系统是汽轮机热力系统的基础，也是全厂热力系统的核心，对机组和电厂的热经济性起着决定性作用。汽轮机回热加热系统主要由高低压回热加热器、给水除氧器、回热抽汽管道、给水管道、疏水管道等部件组成。其中回热加热器是回热系统的核心部件，其实质为一表面式换热器，一般包括高压加热器和低压加热器，它利用汽轮机抽汽加热进入锅炉的给水管道从而提高热力循环效率，又叫抽汽回热。给水除氧器除完成对主给水进行加热和除氧功能之外，还可接收其他设备的疏水及蒸汽。

目前电能尚不能大规模储存的特点决定了发电机输出的电能为即发即用型，而外界电力负荷并不是定值，这就要求汽轮机必须设置调节系统，通过调节系统控制汽轮机出力与外界负荷相适应。为保障汽轮机各种事故工况下的安全，还需设置保护系统。在危急工况下，保护系统快速动作，可靠地切断蒸汽供给，使机组快速停机。这就是汽轮机的调节保安系统。调节保安系统包括主汽阀、调节汽阀、高压油系统、配汽机构、安全保护装置等。

其它重要的辅助系统包括主蒸汽系统、凝汽系统、抽真空系统、油系统等，涉及的重要辅助设备有凝汽器、抽汽器、凝结水泵、循环水泵、主给水泵等。主蒸汽系统为各需要用汽设备输送锅炉产生的新蒸汽。凝汽系统与抽真空系统共同配合工作为电厂凝汽式汽轮机的末级建立和维持真空，并收集干净的冷凝水和接收来自其他设备的疏水。油系统可分为调节油系统及润滑油系统。其中，调节油系统向汽轮机的调节保护系统提供具有合格品质和运行参数的高压抗燃动力油和保护油，润滑油系统可为机组各轴承供应润滑油及冷却油。

2) 汽轮机的基本组成

汽轮机的基本结构也即汽轮机本体。一台完整的汽轮机包括许多零部件，可将这些所有的零部件分成两大部分：转动部件（即转子）和静止部件（即静子）。图 5-27 为某 300 MW 汽轮机的本体结构图。

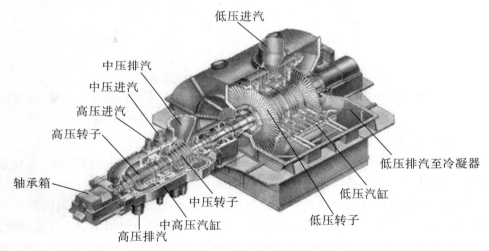

图 5-27　汽轮机的本体结构

汽轮机工作时，从锅炉产生的新蒸汽通过主蒸汽管道、主汽门、调节汽门，然后依次进入汽轮机高压缸、中压缸和低压缸做功，最后由低压排汽口排至冷凝器。

汽轮机中做功的最基本单元称为级，在结构上它是由一列静叶栅（喷嘴叶栅）及其对应的一列动叶栅构成，如图 5-28 所示。由若干个级依次叠置即成为多级汽轮机，如图 5-27 所示的汽轮机就是多级汽轮机。

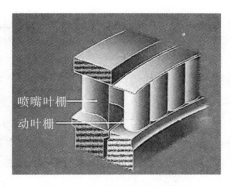

图 5-28　汽轮机级示意图

　　汽轮机中所有转动部件的组合叫做转子，转子汇集各级动叶栅所转换的机械能并传递给发电机，它是汽轮机本体最重要的部件之一，如图 5-29 所示。转子包括主轴、叶轮、动叶片、联轴器及盘车装置等。

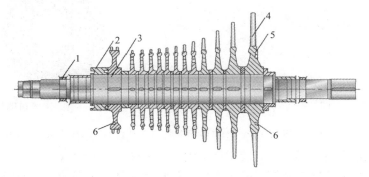

（a）汽轮机转子剖面示意图

1—油封环；2—轴封套；3—轴；4—动叶栅；5—直轮；6—平衡槽

（b）带叶轮和动叶片的转子

图 5-29　汽轮机的转子

　　叶轮以不同方式安装于主轴上，动叶片牢固连接于叶轮上，由叶轮传递汽流在动叶片上产生的扭矩。

　　联轴器是连接汽轮机的各高低压转子间、汽轮机转子和发电机转子间的连接件，传递转子上的扭矩。汽轮发电机组的联轴器多采用结构简单、工作安全可靠的刚性联轴器。

汽轮机冲转和停机后，转子需要继续连续转动一段时间，保证转子均匀受热和冷却。盘车装置是一种采用电动装置驱动汽轮机转子旋转的机构，它的作用是在汽轮机不进蒸汽时促使汽轮机转子转动，防止汽轮机转子产生热弯曲，保证汽轮机的安全运行。

汽轮机本体中所有的固定部件统称为静子，包括体积尺寸庞大的汽缸、数量极多的静叶片、隔板、汽封、轴承等。

汽缸是汽轮机中最大的一个零部件，它相当于汽轮机的外壳，将工质与外界隔绝，形成蒸汽做功的封闭空间，隔板、隔板套、汽封等部件安装于汽缸内部，汽缸外部则与进排汽管道、抽汽管道连接。汽缸通常制成具有水平中分面的上、下缸形式，中分面以法兰螺栓紧密连接，如图5-30所示。

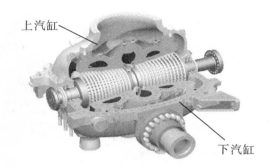

图5-30　汽轮机的汽缸　　　　图5-31　汽轮机隔板

隔板可以看成是汽轮机级与级之间的间隔，同时它还承担着安装静叶片的功能。隔板通常也做成水平对分形式，安装于汽缸内壁，如图5-31所示。

为了防止高速旋转时摩擦碰撞，汽轮机的动静部件必须保持适当间隙，而间隙两侧的压差将导致漏汽，既影响效率又不利于安全，因此必须在机组内有关部位设置汽封装置。按汽封装置安装位置的不同，可分为通流部分汽封、隔板汽封和轴端汽封。现代汽轮机中广泛采用齿形曲径汽封。

汽轮机轴承包括支持轴承（径向轴承）和推力轴承（轴向轴承）。支持轴承承担转子重量及转子不平衡质量产生的离心力，确定转子径向位置，保证转子中心与汽缸中心一致，保持转子与静止部分间正确的径向间隙。推力轴承承受转子轴向推力，确定轴向位置，保持转子与静止部分间正确的轴向间隙。

4. 采用汽轮机的热力发电方式

作为一种高品质能源，电能在工业、农业、国防、交通等国民经济各个部门以及人们生活的各个方面十分重要。电能的生产方式多种多样，就目前而言，热力发电仍然是最主要的发电方式。采用水蒸气作为工质的汽轮机是热力发电方式里最主要也是最重要的一类，只要可以方便快捷地获得大量水蒸气，就可以采用汽轮发电机组发电，如利用煤、石油、天然气等作为燃料的燃煤发电厂，利用原子能产生蒸汽的核电厂，或者利用其他方式获得水蒸气的太阳能集热发电、地热发电等。

1) 燃煤发电

燃煤发电是最主要的热力发电方式。实际上，直到目前为止，在世界范围内，燃煤发电仍然是最主要的发电方式之一。以我国为例，截至 2014 年年底，我国发电总装机容量达到 13.6 亿千瓦，居世界首位，而其中燃煤发电装机容量为 8.25 亿千瓦，占总装机容量的 60.7%。

图 5-32 为典型燃煤发电厂生产过程示意图。为提高燃煤效率，火电厂一般燃烧的是煤粉，所以原煤进入锅炉炉膛内先要在磨煤机内磨成煤粉。煤粉进入锅炉炉膛内与热空气充分接触燃烧，燃料的化学能转换为热能，燃烧后形成的灰渣从炉膛下部的排出并进行相应处理后送至灰场。燃烧形成的高温烟气沿烟道流动，期间将热量传递给水并使其成为过热蒸汽送至汽轮机内膨胀做功，驱使发电机发电。最后经过烟气处理后通过烟囱排出。现代高效燃煤发电厂的热效率可达到 42% 以上，随着火电技术的不断发展，新蒸汽参数的不断提高，发电效率会达到更高的数值。

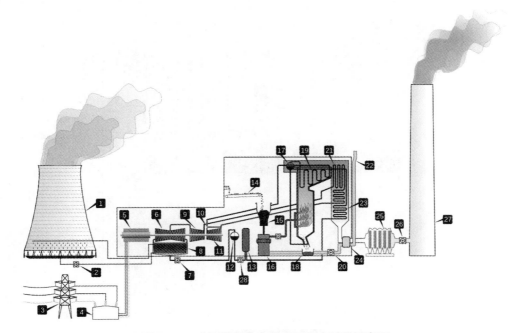

图 5-32　典型燃煤火力发电厂生产过程示意图

1-冷却塔；2-循环水泵；3-输电线；4-变压器；5-发电机；6-汽轮机低压缸；7-凝结水泵；8-凝汽器；9-汽轮机中压缸；10-主汽门；11-汽轮机高压缸；12-除氧器；13-给水回热加热器；14-输煤皮带；15-煤斗；16-磨煤机；17-汽包；18-渣斗；19-过热器；20-送风机；21-再热器；22-进汽口；23-省煤器；24-空气预热器；25-脱硫、除尘装置；26-引风机；27-烟囱；28-主给水泵

2）蒸汽-燃气联合循环发电

与汽轮机类似，燃气轮机（gas turbine）也是一种把热能转换为机械能的高速旋转式原动机，所不同的是，燃气轮机的工质是燃料与空气混合燃烧后产生的高温燃气。它具有体积小、重量轻、启动快、可靠性高、不用或少用冷却水的特点，可作为原动机带动发电机发电，在油气开采输送、交通、冶金、化工、舰船等领域也得到广泛应用。其中，用于发电的燃气轮机约占到全部燃气轮机总量的 70%（航空燃气轮机除外）。

燃气轮机的进气温度非常高，达到 900℃～1500℃，其排气温度也高达 400℃～

600℃，此高温乏烟气可送入余热锅炉回收转换为水蒸气，用以驱动汽轮发电机组发电。这样的联合发电装置称为蒸汽－燃气联合循环装置。蒸汽－燃气联合循环发电的形式包括单轴联合循环和多轴联合循环。其中，单轴联合循环是指燃气轮机、蒸汽轮机同轴推动一台发电机发电；多轴联合循环是指燃气轮机、蒸汽轮机各自推动各自发电机发电，如图5-33所示。蒸汽－燃气联合循环在20世纪40年代燃气轮机投入运行以来就出现了，我国则是在20世纪70年代开始研究蒸汽－燃气联合循环的。理论和实践证明，蒸汽－燃气联合循环发电可大幅度提高发电厂的热经济性，现代高效蒸汽－燃气联合循环发电装置的最高效率接近60%，而一般常规火力发电机组的效率在30%~40%之间，即使是超高参数的大容量机组其效率也不超过50%。除此之外，联合循环还具有排放少、可靠性高、占地少、耗水量少、自动化程度高等优点。

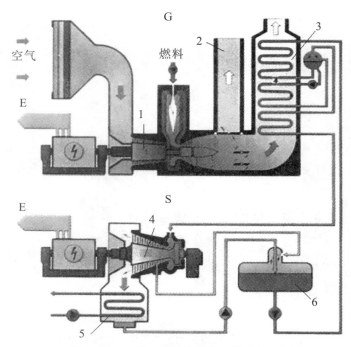

图 5-33　蒸汽－燃气联合循环装置示意图

G：燃气轮机发电机组；S：汽轮发电机组；E：电能输出；

1-燃气轮机；2-烟囱；3-余热回收锅炉；4-汽轮机；5-凝汽器；6-除氧器

3）核能发电

核电站是利用原子核裂变过程中释放的核能生产大规模电能的发电站。核电站中的原子能是以热能的形式利用的，与常规火电厂类似，核电站也要通过蒸汽动力装置来实现能量转换。不同的是，常规电厂的热能来自于煤、石油、天然气等燃料燃烧，而核电站的热能来自于核反应堆中的原子核反应。核电站系统通常由两大部分构成，即核岛部分和常规岛部分。其中，核岛部分是核电站的蒸汽供应系统，主要包括核反应堆、蒸汽发生器等，这部分相当于常规火电厂的锅炉系统，即产生蒸汽的部分，可形象地称为"原子锅炉"；常规岛部分主要包括汽轮发电机系统，即利用蒸汽发电的部分，这部分与常规火电厂大同小异。

　　图 5-34 为压水堆核电站系统示意图，这是目前世界上应用最广泛的一种核电站类型。压水堆核电站采用的是双回路热力系统，其冷却剂回路与动力工质回路是分开的。核岛部分的主泵驱动冷却剂（高压轻水）流过反应堆将核燃料释放的热能带出反应堆，进入蒸汽发生器把热量传递给常规岛的工质水使其沸腾成为水蒸气。冷却剂流经蒸汽发生器放热后再由主泵送入反应堆形成冷却剂回路，也称为一回路。水蒸气则在常规岛的汽轮发电机系统中循环发电做功，形成动力工质回路，也称为二回路。两个回路都是闭合回路且相互独立。为保证一回路系统中冷却剂的压力稳定，一回路需设置稳压器。

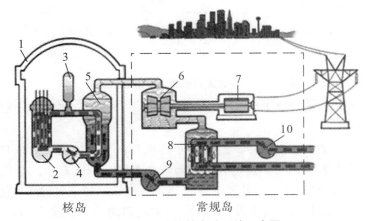

图 5-34　压水堆核电站系统示意图
1-安全壳；2-反应堆；3-稳压器；4-主泵（冷却剂泵）；5-蒸汽发生器；
6-汽轮机；7-发电机；8-凝汽器；9-给水泵；10-循环水泵

　　4）太阳能热力发电

　　太阳能是太阳内部连续不断的核聚变反应过程产生的能量，据测算，太阳辐射到地球大气层的能量高达 1.73×10^{17} W，换句话说，太阳每秒钟辐射到地球上的能量相当于 500 万吨煤所产生的能量。目前，利用太阳能发电有光电式和光热式两种形式。其中，光电式太阳能发电是通过太阳能光电池将光能直接转换为电能；而光热式的能量转换形式为光—热—电，即太阳能热力发电。太阳能热力发电是通过某些特定的方式获取太阳辐射的热能，加热工质使其蒸发，产生蒸汽驱动汽轮发电机组发电。太阳能热发电系统由集热系统、热传输系统、蓄热储能系统、热能动力发电系统等组成。按集热方式的不同，世界现有的太阳能热发电系统主要有三类，即槽式线聚焦系统、塔式系统和碟式系统。图 5-35 为塔式太阳能热力发电站示意图。

　　由于技术上的原因，利用太阳能热力发电的成本远高于常规能源电站和核电站，因此，就目前而言，大规模利用太阳能热力发电是非常有限的。但是作为一种数量巨大且清洁无污染的能源，随着世界性的能源供需日趋紧张以及人类现代化科学技术水平的提高，大规模利用太阳能是必然的，相信在不远的将来，太阳能发电将成为一种重要的发电方式。

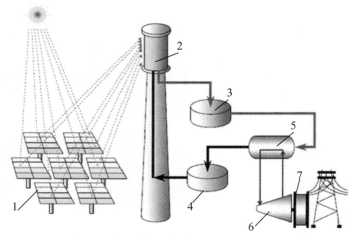

图5-35　塔式太阳能热力发电站示意图

1-定日镜；2-热接收器；3-高温蓄热器；4-低温蓄热器；5-蒸汽发生器；6-汽轮机；7-发电机

5）地热发电

地球是一个巨大的实心椭球体，地核温度高达5500℃，因此地球本身就是一个巨大的热源。若以全世界煤的总储量所含的能量作为基数，那么石油的总能量仅为煤的3%，目前能利用的核燃料的总能量为煤的15%，而地热能却是煤的1.7亿倍。虽然地热能的总储量惊人，但是由于易于开发利用的浅表地热能的分布过于分散，而地壳深处的高温地热能目前又缺乏有效的开发利用技术，因此目前地热能的开发利用还是十分有限的。

人类对地热的开发利用主要包括直接利用、地热发电和地热热泵，其中地热发电是利用地热最重要也是最有前途的一种方式。地热发电是利用地热能产生蒸汽引入汽轮发电机组发电，其基本原理与火力发电类似。按照地热能载热体的不同，地热发电分为蒸汽型、热水型和干热岩型地热发电三大类型。其中，蒸汽型地热发电直接利用地热蒸汽田中的干蒸汽推动汽轮发电组发电，这种方式技术成熟、运行安全可靠，但是由于干蒸汽地热资源十分稀少，且多存于较深的地层，开采技术难度大，所以发展受限。热水型地热发电是地热发电的主要方式，目前有闪蒸系统和双循环系统两种。闪蒸系统中，高压地热水抽至地面由于压力降低，部分热水闪蒸成蒸汽，该闪蒸蒸汽直接引入汽轮发电机组发电。双循环系统中，地热水作为载热体将地热能传递给低沸点工质，使之沸腾产生蒸汽引入汽轮发电机组发电。干热岩是指地层深处温度150℃～650℃、内部没有流体的高温岩体，由于干热岩温度高而无水，因此需要采用人工注水的方式获取蒸汽。有数据表明，干热岩所蕴含能量相当于全球所有石油、天然气和煤炭所含能量的30倍。目前干热岩发电技术尚未成熟，但是作为重要的潜在能源受到众多国家的关注。

与传统化石燃料发电相比，地热发电的污染物排放量非常少，闪蒸系统中只会排放少量蒸汽，而双循环系统几乎为零排放，其环保优势显而易见。鉴于环境保护和能源紧缺等问题，越来越多的国家将地热能利用列为新能源和可持续发展的重要战略手段。截至2013年，全球地热发电累计装机容量已达12.5 GW，全世界有24个国家利用地热能发电，由于地热能的分布情况，地热发电大多集中在亚太地区与北美地区，我国地热发电站则主要集中于西藏地区。

5．汽轮机发展趋势

自首台单级冲动式汽轮机问世开始，汽轮机已经有一百多年历史了，纵观汽轮机的发展历史，就是在不断提高安全可靠性和热经济性的基础上，一直朝着增大单机功率和提高蒸汽参数的方向发展。

1）增大单机容量

增大单机功率可降低机组的热耗率，提高汽轮机的经济性。同时增大单机功率还可减小单位功率的材料消耗和制造工时，节约电厂占地面积，从而降低单位功率的投资成本，降低电厂建设投资和运行费用。工业发达国家早在 20 世纪 60 年代就已制造出 1000 MW 机组，现在百万机组已是非常普遍。

核电作为一种安全、可靠的清洁能源，从 20 世纪 70 年代开始，核电技术迅猛发展，不少常规能源匮乏的国家，如多数欧洲国家，其核电发电量已占到本国总发电量的一半以上。核电站在电网系统中一般承担基本负荷，因此核电汽轮机必然是大功率机组，核电站容量越大，设备投资和燃料费用相对越小。核电汽轮机是在常规火电汽轮机的基础上发展起来，目前世界上运行的核电站，只能向汽轮机提供压力不太高的饱和蒸汽，为 3～7 MPa。当汽轮机的排汽压力相近时，核电汽轮机的可用能量只有常规电厂汽轮机的一半左右，因此相同容量的核电汽轮机与常规电厂汽轮机相比，外形尺寸更庞大。

2）提高蒸汽参数

单机功率的增大必然带来高参数的运用。而实际上，仅从热力学上分析，提高蒸汽参数对发电厂的热经济性也是十分有利的。这里的蒸汽参数指的是新蒸汽压力及新蒸汽温度。由朗肯循环可知，新蒸汽压力和温度改变时，会改变循环工质放热量与吸热量的比值，从而改变循环的效率。提高新蒸汽参数，对发电厂热经济性的影响巨大，见表 5-6。

表 5-6　提高蒸汽参数对发电厂热经济性的影响

机组参数	效率（%）	发电标准煤耗率［g/(kW·h)］
平均值	<35	351
亚临界压力	38	324
超临界压力	41	300
超超临界压力	48	256

目前，300 MW 及以上容量机组均已采用亚临界和超临界压力，甚至是超超临界。所谓超临界，一般是指蒸汽压力大于水的临界压力（22.1 MPa），当机组参数高于这一临界状态参数时，通常称其为超临界参数机组。而在我国，通常把主蒸汽压力大于 27 MPa 或者蒸汽温度大于 580℃ 的机组称为超超临界参数机组，我国目前研制的超超临界汽轮机的主蒸汽压力取为 25～28 MPa，主蒸汽温度为 580℃～600℃，再热蒸汽温度为 600℃，机组功率为 700～1000 MW。超超临界机组煤耗低，具有显著的节能和环

保效果，它们在发达国家已得到广泛的研究和应用。在目前世界上如此复杂的能源环境条件下，发展和利用超超临界技术是刻不容缓的。

超临界机组诞生于20世纪60年代初的美国，但是由于初期选择的参数过高，超越了当时的技术上限，因此，美国虽起步早，但发展并不太顺利。世界上率先大规模采用超临界机组的是苏联和日本，而中国是近十几年才开始大规模采用超临界机组。目前，国外发展超临界汽轮机比较好的国家有日本、丹麦、德国、英国等，具备较强生产大功率超临界汽轮机能力的企业有日本的东芝、三菱、日立和德国的阿尔斯通、西门子。中国的超临界机组虽然起步晚，但是规模宏大，目前中国的百万千瓦超临界机组数量已超过其他国家的总和。

5.5 热力发电厂热经济性

5.5.1 热力发电厂热经济性的评价

凝汽式火力发电厂将燃料中的化学能在锅炉中释放出来并转换为蒸汽热能，蒸汽在汽轮机中膨胀做功将热能转换为机械能，用以拖动汽轮发电机转动，最终将机械能转换为对外供应的电能。在这些能量转换过程中，总有部位不同、大小不等、原因各异的能量损失，正是通过衡量能量转换过程中的能量利用程度（正热平衡方法）或能量损失大小（反热平衡方法）来评价火电厂的热经济性。

评价火电厂热经济性的方法有很多，但从热力学观点来分析，只有两种基本分析方法，即基于热力学第一定律的热量法（效率法、热平衡法）和基于热力学第二定律的㶲方法（做功能力法）或熵方法（做功能力损失）。

1. 热量法

热量法以热力学第一定律为理论基础，以热效率或热损失率的大小来衡量电厂或热力设备的热经济性。热量分析法研究实际循环中各种热力设备或热力过程中的热量损失，通过计算热力循环中设备有效利用的热量占所消耗热量的百分数，并以此作为评价动力设备在能量利用方面完善程度的指标。

热效率反映了热力设备将输入能量转换成输出有效能量的程度，在发电厂整个能量转换过程的不同阶段，采用各种效率来反映不同阶段能量的有效利用程度，用能量损失率来反映各阶段能量损失的大小。

根据能量平衡关系得：

热效率 η 的通用表达式为

$$\eta = \frac{\text{有效利用能量}}{\text{输入总能量}} \times 100\% = \left(1 - \frac{\text{损失能量}}{\text{输入总能量}}\right) \times 100\%$$

2. 㶲方法

热量法仅在数量上对能量利用进行描述，不能反映能量在质量上的差别，而状态参数㶲则可以从数量和质量两方面对能量进行综合评价。㶲是热力学里一个特定的概念，通常用 e 来表示，在环境条件下，能量中所具备的最大做功能力即为㶲，而㶲损则是被损失掉的做功能力。㶲的分析方法是利用㶲效率和㶲损失（即做功能力损失）来评价电站能量的利用情况。

由㶲平衡式可求得热力设备的㶲损通式为

$$\Delta E_1 = \sum_{i=1}^{n} E_{\text{in},i} - \sum_{j=1}^{m} E_{\text{out},j}$$

式中，E_{in}，E_{out} 为进、出热力设备的㶲。

实际电厂的总㶲损为电厂各设备的㶲损之和，即：

$$\Delta E_{1,cp} = \sum_{i=1}^{n} \Delta E_{1,i}$$

式中，$\Delta E_{1,i}$ 为某一热力设备的㶲损。

㶲效率定义为有效利用的㶲与消耗的㶲之比，即：

$$\eta_{e,cp} = \frac{BQ_{\text{net},p} - \Delta E_{1,cp}}{BQ_{\text{net},p}}$$

式中，B 为发电厂煤耗；kg/h；$Q_{\text{net},p}$ 为燃料的低位发热量，kJ/kg。

3. 熵方法

熵方法以热力学第二定律为理论基础，着重研究各种动力过程中做功能力的变化。实际的动力工程都是不可逆过程，必然引起系统的熵增（熵产），引起做功能力的损失。熵方法通过熵产的计算来确定做功能力损失，并以此作为评价电厂热力设备热经济性的指标。

在温度为 T_∞ 的环境里，某一热力过程或设备中的熵产 Δs 引起的做功能力损失 I 为

$$I = T_\infty \Delta s$$

热力发电厂的全部能量转换过程是由一系列不可逆过程组成，各设备或过程的做功能力损失之和即为发电厂的总损失，即总损失 I_{cp} 为

$$I_{cp} = \sum I$$

热量法、熵方法及㶲方法从不同的角度分析了发电厂的热经济性。热量法以热力学第一定律为基础，从数量上计算各设备及全厂的热效率，但只表明能量转换的结果，不能揭示能量损失的本质原因。熵方法和㶲方法均以热力学第一、第二定律为基础，解释了热能动力转换过程中由于不可逆而产生的做功能力的损失。熵方法计算做功能力损失，㶲方法计算做功能力；熵方法或㶲方法不仅表示能量转换的结果，同时还能揭示能量损失的部位、数量及其损失的原因。

热量法、熵方法以及㶲方法从不同的角度对同一事物进行考察，采用这三种热经济

性分析法所计算出的电厂全厂效率完全相同，只是侧重点不同，所以对损失的分布结果不同。表5-7为某凝汽式电厂的热平衡计算与㶲平衡计算结果。

表5-7 某凝汽式电厂的热平衡计算与㶲平衡计算结果

项目	热平衡分析法		㶲平衡分析法	
	kJ/kg	（%）	kJ/kg	（%）
锅炉中的损失	327.3	9.00	2049.0	56.35
管道中的损失	7.3	0.22	7.6	0.21
汽轮机中的损失	2003.2	55.09	190.2	5.23
凝汽器中的损失			90.9	2.50
机械损失	25.5	0.71	26.5	0.73
发电机的损失	16.7	0.46	16.7	0.46
总损失	2380.0	65.48	2381.0	65.48
全厂效率		34.52		34.52

5.5.2 凝汽式发电厂的主要热经济性指标

由于热量法计算简洁直观，目前被世界各国广泛用于电厂热经济性的定量计算。目前纯凝汽式的燃煤火电厂主要的热经济指标有能耗量（汽耗量、热耗量、煤耗量）和能耗率（汽耗率、热耗率、煤耗率）等。

1. 汽耗量和汽耗率
1）汽耗量
单位时间内（每小时）生产的电能所消耗的蒸汽量，称为汽耗量。
2）汽耗率
生产单位电能所消耗的蒸汽量，称为汽耗率。
2. 热耗量和热耗率
1）热耗量
单位时间内（每小时）生产的电能所消耗的热量，称为热耗量。
2）热耗率
生产单位电能所消耗的热量，称为热耗率。
3. 发电厂的厂用电率
厂用电率表示发电厂在同一时间内为满足自身生产电能所必须消耗的厂用电量占全厂生产电能的比例。
4. 煤耗量、煤耗率以及标准煤耗率
1）煤耗量
煤耗量表示在单位时间内（每小时）发电厂所消耗的燃料量。
2）煤耗率
煤耗率表示发电厂生产单位电能所消耗的燃料量。

3）标准煤耗率

由于各电厂所采用的燃料发热量不同，为了方便计算和比较发电厂的经济性，发电厂煤耗率可采用标准煤耗率。所谓标准煤耗率，是指发电厂生产单位电能所消耗的标准煤量。我国现行的标准煤是指低位发热量为 29270 kJ/kg 的煤。

5.　供电标准煤耗率

供电标准煤耗率是指发电厂扣除厂用电后向外界供应单位电能所消耗的标准燃料量。

国产燃煤汽轮发电机组的主要热经济性指标的大致范围见表 5-8。

表 5-8　国产燃煤汽轮发电机组的主要热经济性指标

单机容量（MW）	汽轮机效率	机组电效率	汽耗率[kg/(kW·h)]	热耗率[10³ kJ/(kW·h)]	供电标准煤耗率[g/(kW·h)]
6~25	0.82~0.85	0.28~0.33	4.9~4.1	12.41~11.25	500~510
50~100	0.85~0.87	0.37~0.39	3.7~3.5	10.00~9.23	391~429
125~200	0.86~0.89	0.42~0.43	3.2~3.0	8.61~8.24	388~376
300~600	0.88~0.90	0.44~0.46	3.1~2.9	8.22~7.58	382~320

5.5.3　热力发电技术的主要发展方向

（1）发展高参数、大容量的火电机组，包括超临界压力机组，以提高效率、降低发电成本。亚临界压力机组作为近期的主力机组将逐步过渡到 600 MW 等级，新建的引进型亚临界压力机组的实际运行供电煤耗率应能降至 320 g/(kW·h) 以下。超临界压力机组目前主要靠进口，但应加快国内开放、研制的步伐，逐步实现国产化和批量化，并提高其在火电机组中的比重。容量等级可从 600 MW 起步，向 1000 MW 等级发展，机组参数可采用 24 MPa，566℃/566℃。国外超临界压力机组参数已达 30 MPa，610℃/610℃ 的水平，目标是 1000 MW 等级。

在北方缺水地区发展大型空冷机组，重点研究开放 600 MW 等级空冷机组，开放直接空冷技术。

在研究和总结国内外燃烧无烟煤的各种技术的基础上，发展大型燃烧无烟煤锅炉。

（2）加快烟气脱硫、脱硝、高效除尘成套技术的开放。环保的要求越来越严，很多地方出台了电站必须加装脱硫装置和采用低 NO_x 燃烧器，以减少 SO_2 和 NO_x 排放的地方性法规。推广高效、节能、价格适宜的静电除尘器和布袋除尘器。

（3）推动洁净煤发电的示范工程，在消化吸收国外技术的基础上，加快国产化的研制步伐，为逐步取代常规火电作技术准备。

目前世界上技术比较成熟的有常压循环流化床燃烧（CFBC）、增压流化床燃烧联合循环（PFBC-CC）以及整体煤气化联合循环（IGCC）三种。燃煤联合循环发电机组与常规机组加脱硫脱硝装置相比，效率更高，至少可提高 3～6 个百分点；环保性能更好，只是常规机组排放量的 1/10～1/5。

目前国内 CFBC 锅炉已具备设计制造 100 MW 等级的能力，现正向 300 MW 等级锅炉发展。

PFBC－CC 的发展方向是提高其蒸汽轮机进口的蒸汽参数和燃气轮机进口的燃气温度，开放大容量（300 MW 以上）、第二代（燃气轮机进口带补燃）的 PFBC－CC 机组。

IGCC 是一项面向 21 世纪、高效清洁的燃煤联合循环发电技术，目前世界上有 4 台 250～300 MW 级的 IGCC 机组投入运行，最高效率达 45％，SO_2、NO_x 及粉尘排放都非常低，技术已基本成熟。

（4）开展以大型燃气轮机为核心的联合循环发电技术，联合循环机组具有提高能源利用效率，保护环境和改善电网调峰性能等多种效益。

天然气产量的增加和减轻环保压力，使燃气轮机发展非常迅速，燃气轮机进口前的初温有了较大提高，当初温为 1260℃～1300℃，简单循环效率达 36％～40％，联合循环效率达 55％～58％；当初温提高到 1430℃时，简单循环效率≥40％，联合循环效率可达 60％以上。

第6章　核能发电

6.1　概述

核能的开发和利用是 20 世纪出现的最重要的高新技术之一。

核能又称原子能，是指原子核结构发生变化时释放出的能量。原子核反应时产生的能量十分巨大，核能比化石燃料燃烧放出的能量大得多。核能分成两种：一种是原子核裂变反应时产生的核裂变能，另一种是原子核聚变反应时产生的核聚变能。核聚变反应释放的能量比核裂变反应释放的能量更大。

核裂变反应是质量较重的原子核分裂成较轻原子核的反应，如一个铀－235 原子核在中子的轰击下可裂变成两个较轻的原子核，如果核裂变反应中产生的中子再引起其他的铀核裂变，就可使核裂变反应不断地进行下去，称为"链式反应"，如图 6－1 所示。1 kg 铀－235 完全裂变时释放出的能量高达 8.32×10^{13} kJ，相当于 2000 t 汽油或者 2800 t 煤燃烧时释放的能量。

中子　铀－235　裂变碎片　裂变碎片

图 6－1　核裂变反应示意图

氢的同位素氘和氚的原子核聚合在一起可生成氦核，这个过程释放出的巨大能量即核聚变能，如图 6－2 所示。1 kg 氘聚变时放出的能量为 3.5×10^{14} kJ，相当于 4 kg 铀－235 裂变释放出的能量。

目前人类能精确控制的只有核裂变反应，现阶段技术上比较成熟并获得广泛应用的方式是核裂变链式反应，而核聚变反应的控制技术还在实验室研究阶段，预计到 2050 年前后才能实现大规模利用。如果能实现可控核聚变反应，则一桶水中含有的聚变燃料相当于 300 桶汽油，这对能源问题日趋紧张的人类社会意义重大不言而喻。

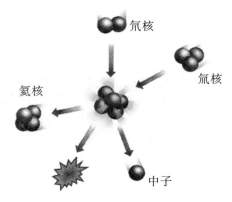

图 6-2　核聚变反应示意图

正是由于核能的初始运用目的为军事武器以及它给人们带来的沉重的阴影，一直到现在还有很多人对核能敬而远之。其实，从 20 世纪 50 年代开始，人们对核能的研究就已经从军事转向了民用，核能开始被用于和平事业。1954 年，世界上第一座实验性核电厂建成并投产，发电功率为 5 MW，从此，核电作为一种新能源，受到了世界各国的重视。核能发电在世界各国迅速发展，如今核能最重要的应用就是核能发电。

核能发电从出现伊始便得到迅速发展的原因如下。

1. 核能的能流密度大

能流密度是指在一定空间范围内，单位面积内获得的或单位质量某种能源所能产生的能量或功率，它是评价能源的主要指标之一。能流密度较小的能源不适合作为主要能源，按目前技术水平来衡量，太阳能和风能的能流密度很小，约 100 W/m²；常规化石能源的能流密度较大，1 kg 标准煤的发热量为 7000 千卡（$2.93×10^4$ kJ），1 kg 石油的发热量为 10000 千卡（$4.18×10^4$ kJ）；而核能的能流密度最大，1 kg 铀－235 发生裂变时可释放出 164 亿千卡（$6.86×10^{11}$ kJ）的热量。

由于核能的能流密度较大，核电厂的燃料运输量仅是燃煤电厂运输量的十万分之一，相对于常规火电厂来说微不足道，这对缓解交通运输、降低发电成本都有重要影响。1000 MW 的常规燃煤火电厂，一天平均需要 1 万吨原煤，一年消耗原煤约 350 万吨，每天需要 30～40 节货物列车运输（或者一艘万吨货轮），同时火电厂每天还会产生约 1000 t 的灰渣需运走。而相同容量的压水堆核电厂，一年只需 25～30 t 低浓缩铀核燃料，只需一节车厢运输，而这 30 t 核燃料中，实际只消耗其中的 1.5 t 铀－235，其余部分回收。

2. 核能发电是安全清洁的能源

核电站虽然使用的是具有放射性的核材料，但是由于核电站反应堆设置了多道屏障防止和处理核辐射，采取了严密的防范措施，核电站正常运行时其放射性排放是非常低的。按照国际有关规定，一座 100 万千瓦核电站允许排放的稀有气体和微量放射性物质的最大极限，对附近居民的辐照剂量一年的累积为 0.018 mSv，仅相当于一次胸部透视剂量的 1/5，相当于天然辐照（主要来自宇宙射线、地壳及人体自身含有的放射性物质）的 1%。其实，煤炭作为天然矿石，本身会含有天然放射性元素，所以燃煤以及其释放的粉尘、灰渣都会具有天然放射性。由于火电站的排放物都直接释放到了外部环境中，就向环境释放的放射性物质而言，同等规模的常规燃煤火电厂为同等核电站的 100 倍。

核电站采用核反应堆产生的热量来发电，它不会像常规火电厂那样向环境释放如二氧化碳这样的温室气体，也不会排放如二氧化硫、氮氧化合物这样造成大气污染的气体，所以核电站对环境的影响远远小于常规燃煤火电厂，这对保护我们的生存环境具有重要作用。

据统计，按目前发电规模，相比传统火力发电，全世界的核电站每年大约减少了 6 亿吨的碳排放。我们可以对比这样一组数据，由于全球核电的发展，1971—2009 年期间，减少了 640 亿吨因化石能源燃烧而产生的温室气体，640 亿吨二氧化碳当量等于美国过去 35 年燃煤机组累积产生的温室气体，相当于中国过去 17 年燃煤机组的累积排放量。一台 500 MW 燃煤机组一般年排放量为 3 百万吨二氧化碳，如果它的寿期为 50 年的话，640 亿吨二氧化碳当量等于 430 台这样的燃煤机组在整个寿期内的累积排放量。

表 6-1 为核电厂和常规燃煤电厂对环境的影响比较。

表 6-1　核电厂和常规燃煤电厂对环境的影响比较（容量 1000 MW）

	单位	核电站	燃煤电站
附近居民受到的辐照剂量	mSv	0.018	0.048
燃料消耗量	吨/年	30	3000000
二氧化碳排放量	吨/年	0	6000000～6500000
二氧化硫排放量	吨/年	0	17000～44000
氧化氮排放量	吨/年	0	150000～22000
其他烟尘排放量	吨/年	0	32000～1500000
资源开采占用土地面积	亩/年	30～42	1210

根据美国核管会的有关规定及空气质量标准的要求，设定允许核电站排放的有害气体氪-85 和氙-133 的最大限量对环境的危害指数为 1，可大致估算出核电站与燃煤电厂在正常情况下主要排放物对危害健康的相对指数，见表 6-2。

表 6-2　核电厂和燃煤电厂排放物危害对比

	排放物	相对危害指数
核电站	氪-85 和氙-133	1
	碘-131	19
燃煤电站	二氧化硫	32000
	氮氧化物	4530
	烟尘	1100

表 6-3 是根据当今各类型电力生产全生产链的实际统计数据得到的每年每百万千瓦电力造成的死亡数量。

表 6-3   每年每百万千瓦造成的死亡数量对比

	煤电	油电	气电	核电
死亡人数	37	32	2	1

可见，相对而言，核电是最安全的一种电力生产方式。核电技术一直在不断发展，如今的核电站具备更先进的控制系统、更安全的非能动式安全系统、现代化的在役检查系统、更先进的防火灭火系统、各种消除与缓解事故的措施，所以今后的核电站将会更加安全可靠。

3. 核能发电是经济能源

就基础建设投资而言，同等容量的核电站相对于火电厂无优势可言，其基建费高达约 50%。但从最终的发电成本分析，最终核电厂的发电成本比火电厂低 38% 左右，世界各国的平均核电成本一般是火电的 50%～85%。这是后期的燃料费用问题使然，核燃料的开采、加工、运输费用较常规化石燃料低得多。

我国的核电、水电、火电价格基本相同，但是在这三种电力生产方式中，核电是最稳定、最不易受外界因素干扰的，因为核能发电的成本中，燃料费用所占的比例较低，核能发电的成本较不易受到国际经济情势影响，故发电成本较其他发电方法更为稳定。初期建设成本，核电是火电的 2～3 倍，但是投产后火电厂的运行维护费用及燃料费用远远高于核电站，燃料费是火电成本中所占比例最大的，而且燃料价格特别容易受到世界能源格局的影响。对于建成投产后水电站而言，自来水虽没有多少成本，但是却要受到气候、季节的影响。

4. 核能是可持续发展能源

火力发电在电力生产中一直以来占绝对位置，因此消耗了大量的化石燃料。据测算，按照目前的能源消费水平，全世界已探明的石油和天然气可能会在未来几十年内消耗殆尽，煤炭资源也只能使用几百年。发展核电可以节省大量石油、天然气等化石燃料，按目前已探明世界核裂变燃料储量，铀储量约 490 万吨，钍储量约 275 万吨，还可供人类数千年之用，足够使用到核聚变时代。

核聚变反应主要来源于氘-氚的核反应，海水中氘的含量为 0.034 g/L，虽然含量少，但是地球上海水总量巨大，约为 $1.386×10^{18}$ m³，所以氘的储量约为 40 万亿吨；氚可来自锂，目前地球上探明的锂储量约为 2000 亿吨。这些聚变燃料所释放的能量比全世界现有能源总量大千万倍，按目前世界能源的消费水平，地球上可供原子核聚变的氘和氚，能供人类使用上千亿年。倘若人类实现了可控核聚变反应技术，人类的能源利用即会产生重大突破，核燃料相当于"取之不尽，用之不竭"了，人类将从根本上解决能源问题。

世界能源组织（2001 年）报告的结论是：核能是唯一可替代燃碳（煤、石油、天然气）的能源，并可满足作为电力基荷要求的能源。

6.1.1 世界核电发展概况

1938 年，德国人奥托·哈恩首先发现了铀的核裂变反应，从而揭开了人类对原子能利用的序幕。1942 年，在意大利著名物理学家恩里克·费米教授的领导下，美国建成了世界上第一座核反应堆，并成功实现了人工自持核裂变链式反应。1945 年，制成了世界上第一颗原子弹。这一时期的核反应堆技术主要以军事目的为主。直到 20 世纪 50 年代，核能技术的和平利用开始快速发展。

核能技术的和平利用最突出的典范就是核电站。核电站是将原子核裂变释放的核能转变为电能的系统和设备的总称。

据世界核协会的数据，截至 2015 年 6 月，全世界共有 33 个国家和地区建有核电站，处于运行状态的核电机组 437 台，年发电量 2411 TW·h（1 TW·h=10^9 kW·h），占全球发电总量的 11.5%，如图 6-3 所示。核发电量占全国发电总量 50% 及以上的国家有 5 个，分别是法国、斯洛伐克、匈牙利、乌克兰、比利时，其中法国的核电发电量所占比重最高，为 75% 以上，如图 6-4 所示。

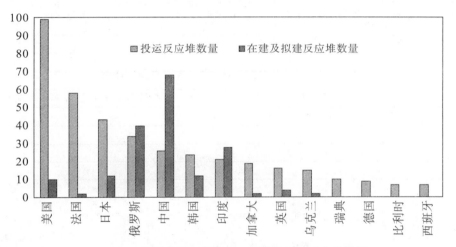

图 6-3　世界主要国家投运、在建及拟建反应堆数量

从全球范围看，核电发展的地区性差异非常显著，这是由于核电对技术实力和地理条件等要求较高，迄今为止，拥有核电站的国家基本上都是能源需求大、经济水平和技术水平相对较好的国家，主要分布在欧洲、美国、加拿大以及东亚南亚一带，如图 6-5 所示。

欧洲核电站占世界总量约 1/3，这些核电站非常密集地集中在 17 个国家。以核电发电量计，欧洲是世界上核电发电量最大的地区。但在欧洲核电国家里，各国在核电发展政策上意见分歧较大。以法国、英国为代表的国家主张大力发展核电，以德国和瑞士为代表的其他一些欧洲国家则由于民众的强力反对而对发展核电表现出犹豫和退缩，有意弃核。2011 年日本福岛第一核电站核事故发生后，瑞士决定在本国现有反应堆达到运行寿期后，不再新建替代反应堆。而德国近年来也将主要精力放在了可再生能源发展上，决定在 2022 年前关闭所有的核电站，目前德国投运的核电站有 9 座。

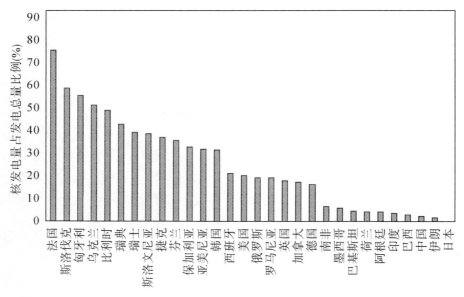

图 6-4 2014 年各国核发电量占发电总量的比例

注：2014 年度日本全国所有核电机组均处于停运状态，日本核电站发电量为零。这是日本第一座核电机组运行以来，首次出现全年核发电量为零的情况。

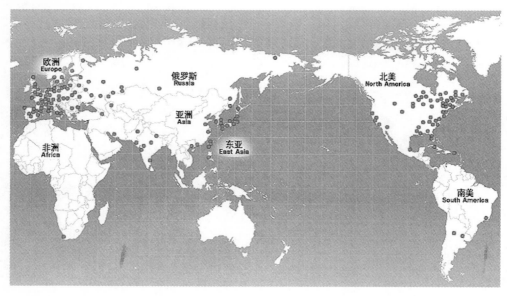

图 6-5 世界核电站分布

美国是世界上建有核电站最多的国家，99 座核电反应堆分布在国内 30 个州，2012 年美国核电产量为 798.6 TW·h，占其国内发电总量的 19.5%。虽然 1979 年的三里岛核事故使美国对新建核电站态度十分谨慎，但是，核电对于美国的重要性不言而喻。

地广人稀的加拿大虽然拥有丰富的自然资源，但加拿大政府对清洁能源和可再生能源的研发利用仍然不遗余力，其水电约占发电总量的六成。在核电方面，该国投运了 4

座核电站共 19 台机组，占发电总量的 16.8%，绝大部分位于经济发达、人口稠密的安大略省境内。其中，拥有 8 台核电机组的布鲁斯核电站是目前全世界现役核电站中最大的一座。

目前亚洲地区运营中的核电机组有 120 多台，本国资源匮乏、多年来严重依赖核电的日韩两国占了一多半，中国和印度的在建机组数量排名领先。根据国际原子能机构的最新预测，在未来的 20 年中，全球的核电使用将持续增长，亚洲地区的增长尤为明显。目前，全球有 10 多个国家计划开始发展核电，包括埃及、印度尼西亚、波兰、土耳其、越南等。国际能源署也在《世界能源展望 2040》中提出，未来 30 年间，核电的增长主要集中在发展中国家，尤其是中国、印度这两个最大的发展中国家。

2011 年"3·11"地震和海啸致使福岛第一核电站发生严重核辐射泄漏事故，出于安全考虑和民众弃核的强烈呼声，日本几乎所有核电站反应堆都处于停运状态。但是作为一个资源极度匮乏、对核电依赖严重的岛国，日本的新能源政策将有可能重启建设新反应堆。

目前国际上一般把核电技术的发展划分为 4 个阶段，如图 6-6 所示。

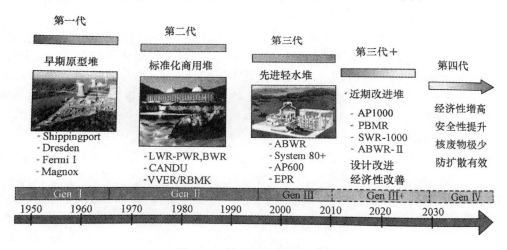

图 6-6　核电技术的发展阶段

1. 第一代核电机组

核电站的开发与建设始于 20 世纪 50 年代。自 1954 年 6 月苏联建成世界上第一座功率为 5 MW 的实验性核电厂——奥布涅斯克核电站开始，核电技术就在不断进步。1956 年，英国建成卡德霍尔石墨气冷堆原型核电站；1957 年，美国建成了希平港压水堆原型核电站；1960 年，美国建成了德累斯顿沸水堆原型核电站；1962 年，加拿大建成重水堆原型核电站。这些核电机组证明了利用核能发电的技术可行性。国际上把这一时期的这些实验性和原型性称为第一代核电机组。

2. 第二代核电机组

从 20 世纪 50 年代后期至 70 年代末期是核电站发展的高潮期。20 世纪 60 年代后期，在试验性和原型核电机组基础上，陆续建成电功率在 30 万千瓦以上的压水堆、沸水堆、重水堆等核电机组，它们进一步证明了核能发电技术的可行性，同时也证明了核电在经济上具备了与水电、火电的竞争力，达到了商业上大规模推广的阶段。由于核浓缩技术的发展，到 1966 年，核能发电的成本已低于火力发电的成本。核能发电真正迈入实用阶段。特别是 20 世纪 70 年代，由于石油涨价引发的能源危机，使很多经济发达国家把发展核电放到了很重要的位置，这极大地促进了核电技术的发展。到 1978 年，全世界 22 个国家和地区正在运行的 30 MW 以上的核电站反应堆已达 200 多座，总装机容量达到 107776 MW，发电量占到当时全世界发电总量的 8%。目前世界上商业运行的 400 多座核电机组绝大部分是在这段时期建成的，称为第二代核电机组。

1979 年和 1986 年分别发生了美国三里岛核电站和苏联切尔诺贝利核电站的放射性物质外泄的严重事故，引起了人们对核的恐惧和对核电安全性的顾虑，核电变成了一个备受争议的话题，放缓了核电发展的步伐。这也使得核电进入了一个发展低潮期，在 1990 年至 2004 年间，全球核电总装机容量年增长率由此前的 17% 降至 2%。

由于恐核心理导致的核电发展停滞，给欧美国家带来了严重的负面影响，例如，1999 年瑞典核电占 47%，因为关闭核电站，只能被迫向丹麦燃煤电厂购电，不但电费上涨，而且导致西欧 CO_2 的排放总量超标。由于电力紧张，美国也中止了暂停建设核电站的规定，重新启动核电站建设计划。

与欧美发达国家相反，亚洲由于经济迅速崛起，核电发展方兴未艾。从 20 世纪 80 年代末到 90 年代，由于化石能源短缺的日益突出，同时人们对核电技术及其安全性又有了更进一步的提高，使得核电在亚洲等发展中国家开始了一轮快速发展。至 1991 年，全世界近 30 个国家和地区建成的核电机组为 423 台，总装机容量为 327500 MW，核电发电量约占全世界发电总量的 16%。

3. 第三代核电机组

为了消除三里岛和切尔诺贝利核电站事故的负面影响，提高核电站运行的安全可靠性，在 20 世纪 90 年代，世界核电业集中力量研究和攻关对核电站严重事故的预防和缓解策略。这一时期，美国出台了《先进轻水堆用户要求文件》，即 URD 文件；欧洲出台了《欧洲用户对轻水堆核电站的要求》，即 EUR 文件。这两个文件进一步明确了预防与缓解核电站严重事故、提高核电站安全可靠性等方面的要求。国际上通常把满足 URD 文件或 EUR 文件的核电机组称为第三代核电机组。第三代核电机组的设计原则是在第二代核电机组已积累的技术和运行经验基础上，针对其不足之处，进一步采用经过验证是可行的新技术，改善机组的安全性和经济性。第三代核电机组主要包括 GE 公司的先进沸水堆（ABWR），法国法马通和德国西门子联合开发的欧洲压水堆（EPR），ABB-CE 公司研发的系统 80（System 80），西屋公司开发的非能动压水堆（AP600）。

为了降低成本和建设周期，第三代核电机组做了进一步改进，这种改进的第三代核电机组称为第三代+核电机组，比较典型的有西屋公司的 AP1000。

4. 第四代核电机组

近年来，世界各国提出了许多新的反应堆设计概念和燃料循环方案。2000 年 1 月，在美国的倡议下，美国、英国、瑞士、南非、日本、法国、加拿大、巴西、韩国和阿根廷共 10 个有意发展核能的国家，联合组成了"第四代国际核能论坛"（GIF），于 2001 年 7 月签署了合约，约定共同合作研究开发第四代核能技术。按预期，第四代核电机组应在安全性、经济性、可持续发展性、核废处理和防核扩散、防恐怖袭击等方面有显著的先进性和竞争力，并在 2030 年实现实用化的目标。第四代核电机组不仅要考虑用于发电或制氢等的核反应装置，还应把核燃料循环也包括在内，组成完整的核能利用系统。

目前第四代核电机组还处于概念设计和关键技术研发阶段。

6.1.2　我国核电的发展及现状

我国的核工业始于 1955 年，在老一辈核物理科学家的努力下，我国的核工业进展较快。1964 年 10 月 16 日我国成功爆炸了第一颗原子弹，并相继研制了氢弹和核潜艇。1955—1978 年我国核工业主要以军事目的为主，1978 年后我国核工业的重点转向民用。我国大陆的核电起步较晚（因我国台湾地区数据不全，故未统计在内），20 世纪 80 年代才动工兴建核电站。我国自行设计建造的 30 万千瓦秦山核电站在 1991 年年底投入运行。大亚湾核电站 1987 年开工建设，于 1994 年全部并网发电。

我国的核电工业发展可分为起步、腾飞和持续发展 3 个阶段。2000 年前为起步阶段，从 1991 年 12 月首座核电站并网发电开始，我国通过引进消化国外核电技术，初步掌握了核电站设计、制造、施工技术；2000—2015 年为腾飞阶段，我国的核电装机容量快速增加，核电设备实现了设计自主化和设备国产化，具备了建造百万千瓦级压水堆核电站的能力，形成了完整的核电工业体系；2015—2050 年为持续发展阶段，核电企业将进行先进核电机组关键技术的攻关和研发，坚决走核电自主化道路。

我国是处于发展中的能源消费大国，对能源需求巨大，尤其是经济发达的沿海地区。至 2020 年，预计我国的电力总规模将达到 7 亿千瓦左右。由于化石能源的短缺，生态环境的日益恶化，我国的核电政策从"适度发展"过渡到"积极发展"甚至"快速发展"，充分拓宽核能的各个应用领域，以"安全第一"的方针稳步发展核电事业。

至 2015 年 2 月，我国大陆已建成 11 个核电站，在役核电机组共 22 台，总装机容量 2010 万千瓦，其中，中核 11 台，共 859 万千瓦，占 42.7%；中广核 11 台，共 1151 万千瓦，占比 57.3%。国内在建核电机组 26 台，装机容量 2841 万千瓦，其中，中核 10 台，共 1032 万千瓦，占比 36.3%；中广核 13 台，共 1538 万千瓦，占比 54.1%；中电投 2 台，共 250 万千瓦，占比 8.8%；华能 1 台，共 21 万千瓦，占比 0.7%。

我国已建成核电站均分布在沿海地区，形成了浙江秦山、广东大亚湾和江苏田湾三个核电基地。同时福建、辽宁、山东、海南、广西等地的核电项目正加紧建设。图 6-7 为我国核电站分布情况。

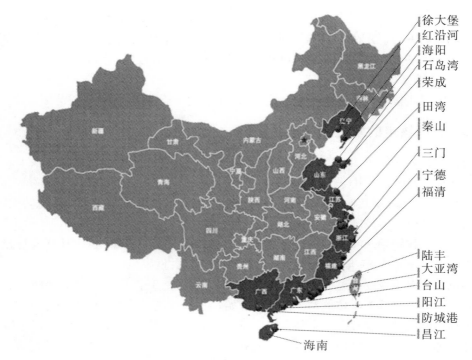

图 6-7 我国核电站分布情况

我国在役核电站和在建检电站情况分别见表 6-4 和表 6-5。

表 6-4 我国在役核电站情况

在役核电站名称		堆型	额定功率（MW）	开工日期	商业运行日期
秦山核电站		压水堆	310	1985.03	1994.04
大亚湾核电站	1号机组	压水堆	2×984	1987.08	1994.02
	2号机组			1988.04	1994.05
秦山第二核电站	1号机组	压水堆	4×650	1996.06	2002.04
	2号机组			1997.04	2004.05
	3号机组			2006.04	2010.10
	4号机组			2007.01	2011.12
岭澳核电站	1号机组	压水堆	2×990	1997.05	2002.05
	2号机组			1997.11	2003.01
	3号机组		2×1080	2005.12	2010.09
	4号机组			2006.06	2011.08
秦山第三核电站	1号机组	重水堆	2×700	1998.06	2002.12
	2号机组			1998.09	2003.07
田湾核电站	1号机组	压水堆	2×1060	1999.10	2007.05
	2号机组			2000.09	2007.08

续表6－4

在役核电站名称		堆型	额定功率（MW）	开工日期	商业运行日期
红河沿核电站	1 号机组 2 号机组	压水堆	2×1080	2007.08 2008.03	2013.06 2014.05
宁德核电站	1 号机组 2 号机组	压水堆	2×1080	2008.02 2008.11	2013.04 2014.05
阳江核电站	1 号机组	压水堆	1080	2008.12	2014.03
福清核电站	1 号机组	压水堆	1080	2008.11	2014.12
方家山核电站	1 号机组	压水堆	1080	2008.12	—
合计		22 台		20098	

注：数据统计至 2015 年 2 月。

表 6－5　我国在建核电站情况

在建核电站名称		堆型	额定功率（MW）	开工日期
红河沿核电站	3 号机组 4 号机组	压水堆	2×1080	2009.03 2009.08
三门核电站	1 号机组 2 号机组	压水堆	2×1250	2009.04 2009.12
福清核电站	2 号机组 3 号机组 4 号机组	压水堆	3×1080	2009.06 2010.12 2012.11
阳江核电站	2 号机组 3 号机组 4 号机组 5 号机组 6 号机组	压水堆	5×1080	2009.06 2010.11 2012.11 2013.09 2013.12
方家山核电站	2 号机组	压水堆	1080	2009.07
台山核电站	1 号机组 2 号机组	压水堆	2×1750	2009.12 2010.04
海阳核电站	1 号机组 2 号机组	压水堆	2×1250	2009.12 2010.06
宁德核电站	3 号机组 4 号机组	压水堆	2×1080	2010.01 2010.09
昌江核电站	1 号机组 2 号机组	压水堆	2×650	2010.04 2010.11
防城港核电站	1 号机组 2 号机组	压水堆	2×1080	2010.07 2010.12

续表6-5

在建核电站名称		堆型	额定功率(MW)	开工日期
田湾核电站	3号机组 4号机组	压水堆	2×1100	2012.12 2013.09
石岛湾核电站	1号机组	高温气冷堆	210	2012.12
合计	26台		28410	

注：数据统计至2015年2月。

6.2 核能发电原理

核能发电是核能民用最主要也是最重要的形式。核电站与火电站一样也是由两大部分构成，即蒸汽供应系统和汽轮发电机系统。这两种形式电站蒸汽供应系统完全不同，汽轮发电机系统基本相同，如图6-8所示。

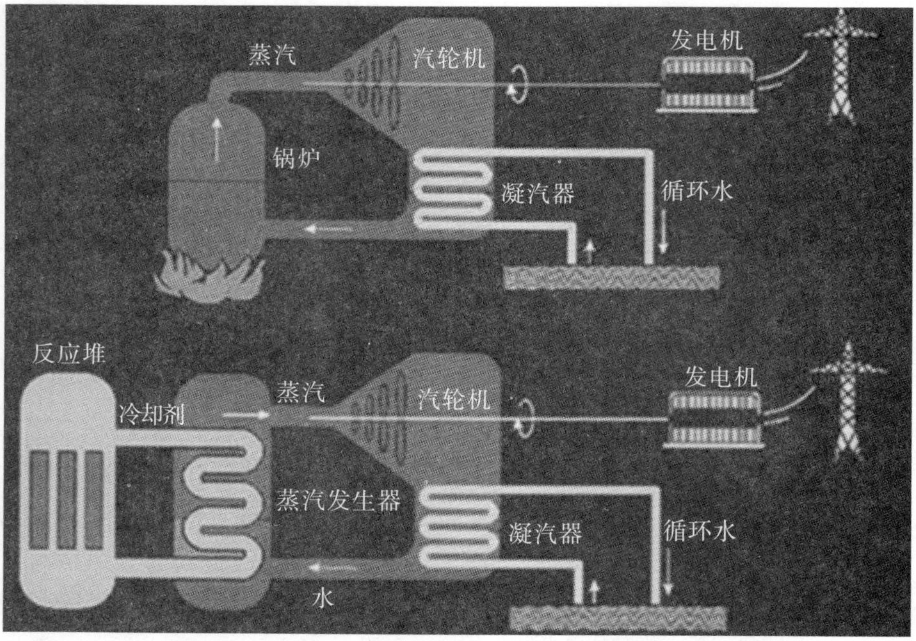

图6-8 火电厂与核电厂的区别

火电厂的蒸汽来自于锅炉系统，其能量来源于煤、石油、天然气等常规化石能源。核电厂的蒸汽来自于核蒸汽供应系统，能量来源于核燃料在反应堆里发生的可控核裂变反应。

核能发电的能量转换过程为核能→热能→机械能→电能，其中的热能→机械能→电能过程与常规火电厂的生产工艺基本相同，核反应堆的功能相当于火电厂的锅炉系统。由于核反应堆是强放射源，流经反应堆的冷却剂带有放射性，所以核电站会比常规电厂多一套动力工质回路（双回路系统，如压水堆核电站），或者要对汽轮机组及厂房设置屏蔽（单回路系统，如沸水堆核电站）。

6.2.1　核电站的反应堆类型

核反应堆是实现核能→热能转换的复杂装置，核电站中最核心的部分就是反应堆，目前技术上比较成熟并获得广泛应用的是核裂变反应堆。在反应堆中，将裂变反应中产生的快中子有效慢化为热中子，使其更容易击中原子核而再度引起裂变反应的物质称为慢化剂，或者减速剂；将核裂变反应中产生的热量有效载出反应堆的工质称为冷却剂或载热剂。核反应堆中常用的慢化剂有轻水（H_2O）、重水（D_2O）、石墨（C），常用的冷却剂有轻水、重水、二氧化碳、氦气、金属钠等。

核反应堆有很多种，概念上可有 900 多种设计，但是目前实现的种类并不多。根据慢化剂和冷却剂的不同可以将核电站反应堆分成如下类型。

1. 轻水堆

轻水堆（Light Water Reactor，LWR）是采用轻水（即普通水 H_2O）作为慢化剂和冷却剂的核反应堆。轻水堆包括压水堆（Pressurized Water Reactor，PWR）和沸水堆（Boiling Water Reactor，BWR）两种。

压水堆内部压力较高（>15 MPa），冷却剂水的出口温度低于相应压力下的饱和温度，因此水在堆内不会产生沸腾现象。压水堆结构简单，尺寸小，堆芯体积小但功率密度大，安全性能好，造价低。由于堆内压力较高，因此压水堆需要一个能承受高压的压力壳。压水堆是比较成熟的堆型，世界上绝大多数在役核电站采用的都是压水堆。图 6-9 为压水堆核电站。

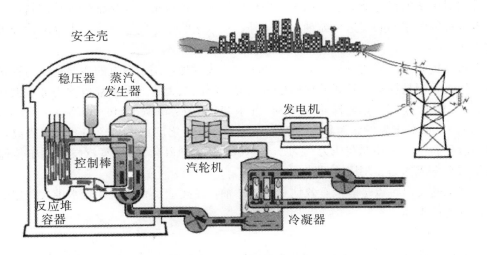

图 6-9　压水堆核电站

如果允许冷却剂（水）在反应堆内直接沸腾产生蒸汽，则称为沸水堆。沸水堆直接在堆内产生蒸汽。这种堆型冷却水压力低（约为 7 MPa），不需设置蒸汽发生器，所以系统简单；但其功率密度比压水堆小，堆芯和压力壳体积大。沸水堆产生的蒸汽直接送

至汽轮机做功，所以汽轮机会受到放射性污染，需要对机组和厂房设置防护。图 6－10
为沸水堆核电站。

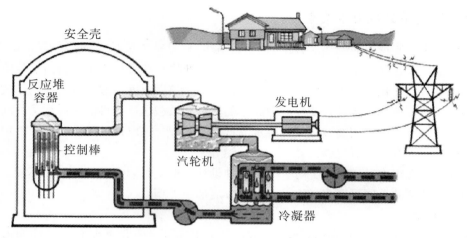

图 6－10　沸水堆核电站

　　轻水堆是目前的主力堆型，在役运行的核电站中轻水堆占 80％以上，其中压水堆
占 60％以上，沸水堆占 20％以上，新建核电站 90％以上都是轻水堆。我国目前运行的
核电机组，除秦山三期外，全部为压水堆。

　　2. 重水堆

　　重水堆（Heavy Water Reactor，HWR）是采用重水（D_2O）作为慢化剂、重水或
轻水作为冷却剂的核反应堆。

　　重水对中子的慢化能力强，以重水慢化的反应堆可以采用天然铀作为核燃料，这使
建造重水堆的国家不必建造浓缩铀厂。另外，重水吸收中子的概率小，重水堆比轻水堆
节约天然铀。

　　重水堆按其结构形式分为压力壳式和压力管式两种，用于发电的主要是压力管式重
水堆，代表堆型是加拿大发展的坎杜型重水堆，因此压力管式重水堆也称为加拿大坎杜
堆（CANDU）。加拿大坎杜堆即压水重水堆（Pressurised Heavy Water Reactor，
PHWR），以重水作为慢化剂和冷却剂，用压力管将慢化剂重水和冷却剂重水隔离，慢
化剂不承受高压，冷却剂在压力约为 9.5 MPa 的压力管内，再到蒸汽发生器中传递给
动力工质水生成约为 4 MPa 的蒸汽。

　　重水堆的突出特点是能最有效地利用天然铀，主要缺点是体积比轻水堆大，建造费
用高，发电成本高。

　　3. 石墨气冷堆

　　石墨气冷堆（Gas Cooled Graphite Moderated Reactor，GCR）是采用石墨作为慢
化剂、气体作为冷却剂的核反应堆。气体冷却剂与水冷却剂相比，比热容较小，传热系
数低，所需流量大，导致输送时耗能较高；但是气体作为冷却剂可以达到比较高的温
度，从而可以有效提高热力循环的效率。目前气冷堆核电机组热效率可以达到 40％，
而水冷堆核电机组只有 33％～34％。

石墨气冷堆分为天然铀气冷堆、改进型气冷堆和高温气冷堆三种。

天然铀气冷堆是第一代气冷堆,以天然铀作燃料、石墨为慢化剂,二氧化碳作为冷却剂,压力为 2~3 MPa,冷却剂出口温度 400℃左右。这种堆型由英、法两国合作发展,最初用于军用钚(核武器原料)生产堆,后来发展成发电、产钚两用。由于功率密度低、尺寸大、造价高、经济性差等,现已停止生产。

改进型气冷堆是第二代气冷堆,是天然铀气冷堆的改进型,以低浓缩铀作燃料,石墨为慢化剂,二氧化碳作为冷却剂,冷却剂出口温度提高到 650℃左右。其功率密度、热效率等各项指标均比第一代气冷堆有所提高,但是由于天然铀需求量大、现场施工量大、经济性差等原因也没有大面积推广起来,目前运行的改进型气冷堆都在英国。

高温气冷堆是第三代气冷堆,采用低浓缩铀或高浓缩铀加钍作燃料,石墨作慢化剂,氦气作为冷却剂,冷却剂出口温度可达 800℃~1300℃。这种堆型的特点是温度高、功率密度大、发电效率较高,如果直接采用氦气推动汽轮机,热效率可以达到50%。高温气冷堆是国际上重点研发的堆型之一,清华大学核研院建设的 10 MW 高温气冷实验堆于 2000 年 12 月建成,2003 年 1 月满功率并网发电;2012 年 12 月,我国首个高温气冷堆示范电站在山东荣成石岛湾开工建设,这是世界上第一座具有第四代核能系统安全特征的 20 万千瓦级高温气冷堆核电站。

4. 石墨沸水堆

石墨反应堆也有采用轻水作为冷却剂的,如石墨沸水堆(Light Water Graphite Moderated Reactor,LWGR),发生过重大核泄漏的苏联切尔诺贝利核电站采用的就是轻水冷却管式石墨沸水堆,这种堆型在其他国家并没有采用,只在苏联建有部分电站。

5. 快中子增殖堆

快中子增殖堆(Fast Breeder Reactor,FBR)也称为快堆,这种反应堆不需要慢化剂,直接用裂变产生的快中子来引发链式反应,同时还可增殖核燃料,目前主要采用液态金属钠和氦气两种工质作为冷却剂。由于不需要慢化剂,快堆的堆芯体积小,结构紧凑,功率密度大。

钠冷快堆通常采用三次回路,一回路钠带有放射性,将热量从反应堆载出,在热交换器中与中间回路的钠(无放射性)交换热量,再由中间回路的钠将热量载入蒸汽发生器产生蒸汽。钠冷快堆目前尚处于研究之中,有望很快成为成熟堆型。

氦冷快堆是第四代核能技术的重点发展的堆型之一,其增殖比大于钠冷快堆,目前处于试验阶段。

目前世界范围应用的动力堆仍然是沸水堆、快堆、石墨气冷堆、石墨沸水堆、重水堆、压水堆和高温气冷堆这几种,其中快堆和高温气冷堆目前仍主要处于实验阶段。截至 2014 年 12 月 31 日,全球 437 个运行中核动力堆(包括实验堆在内),压水堆 276 座,占 63.2%;沸水堆 80 座,占 18.3%;重水堆 49 座,占 11.2%;石墨沸水堆和石墨气冷堆各 15 座,各占 3.4%;快堆 2 座,占 0.5%,如图 6-11 所示。

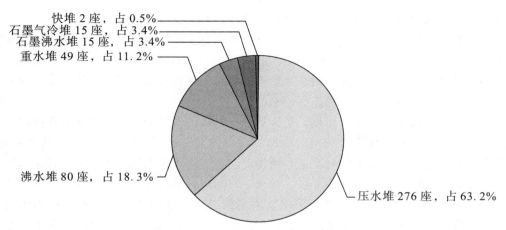

图 6-11　已运行核电站堆型分布（数据截至 2014 年 12 月 31 日）

6.2.1　核电站的工质回路类型

反应堆工作时，核燃料裂变放出巨大热量，只有把这些热量输送到堆外才能作为动力能源利用，承担这个任务的工质就叫冷却剂或者载热剂。

不同反应堆堆型的冷却剂回路和动力工质回路（汽轮机循环）有所不同，根据回路的数目不同，可以将核电站分为单回路核电站、双回路核电站和三次回路核电站。

1. 单回路系统

单回路系统如图 6-12（a）所示。单回路系统的核电站，其冷却剂和动力工质是同一工质，所以冷却剂回路和动力工质回路是重合的。水在反应堆中吸热蒸发，蒸汽通向汽轮机膨胀做功带动发电机发电，排汽在凝汽器中冷凝成水，再由给水泵送入反应堆重新吸热蒸发。

单回路系统核电站系统简单，设备造价较低。但是由于冷却剂即是动力工质，工质具有放射性，所以这单回路核电站汽轮机和厂房必须要有专门的防护要求。

采用单回路热力系统主要堆型有沸水堆、石墨沸水堆、高温气冷堆。

2. 双回路系统

在双回路系统核电站中，冷却剂、动力工质相互隔绝，仅通过蒸汽发生器的管壁交换热量，冷却剂回路与动力工质回路互相独立且各自闭合，如图 6-12（b）所示。这里，冷却剂回路通常称为一回路或核岛，一回路中的冷却剂由冷却剂泵驱动，在反应堆中吸热，将此热量在蒸汽发生器中传递给二回路中的水。动力工质回路没有放射性，与常规火电厂的汽轮发电机组相同，通常称为二回路或常规岛。世界上大多数核电站都是这种结构。

由于热交换过程会出现热损，所以在其他条件相同时，双回路系统核电站的经济性总是低于单回路系统。在造价上，由于双回路系统核电站的二回路及蒸汽发生器的造价与单回路系统核电站的屏蔽保护装置相当，所以单回路和双回路核电站的造价几乎是相同的。

采用双回路热力系统主要堆型有压水堆、天然铀石墨气冷堆、改进型石墨气冷堆、高温气冷堆。

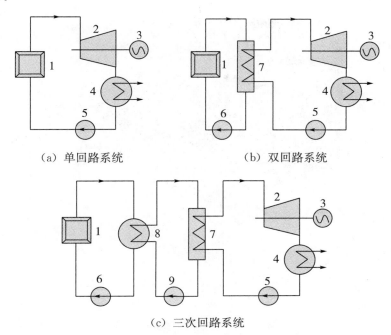

（a）单回路系统　　　　　（b）双回路系统

（c）三次回路系统

图 6－12　核电站的工质回路

1－反应堆；2－汽轮机；3－发电机；4－凝汽器；5－给水泵；6－冷却剂泵；

7－蒸汽发生器；8－中间换热器；9－中间回路循环泵

3. 三回路系统

为获得更高的换热系数，减少冷却剂流量，可以使用液态金属作为冷却剂。钠热导率高，熔点较低（98℃），通常选择液态钠作为冷却剂。但是钠与水接触会发生剧烈化学反应，为防止危险情况发生，在一回路和二回路中加设一条中间钠回路，其压力高于一回路。这种结构称为三回路系统，如图 6－12（c）所示。

一回路中的冷却剂将热量从反应堆中携带出来，在中间换热器中将此热量传递给中间回路的液态金属，中间回路液态钠在蒸汽发生器里与动力工质实现热交换。动力工质回路则与双回路系统核电站的二回路系统相同。

采用三回路热力系统的主要堆型有钠冷快堆。

6.2.3　压水堆核电站

压水堆是以普通水作为慢化剂和冷却剂的堆型，它是目前应用的最成熟、最广泛的反应堆，世界上绝大多数核电站都是压水堆核电站。

压水堆核电站主要由一回路系统（核岛系统）和二回路系统（常规岛系统）构成。其中一回路系统就是冷却剂回路，又称核蒸汽供应系统，其主要功能是利用冷却剂水将反应堆裂变热量载出并向二回路提供蒸汽，包括一回路主系统和其他一些安全和辅助系统。二回路系统与常规火电厂类似，将蒸汽的热能转化为电能，主要包括汽轮机回路、循环冷却水系统和电气系统。图 6－13 为压水堆核电站示意图。

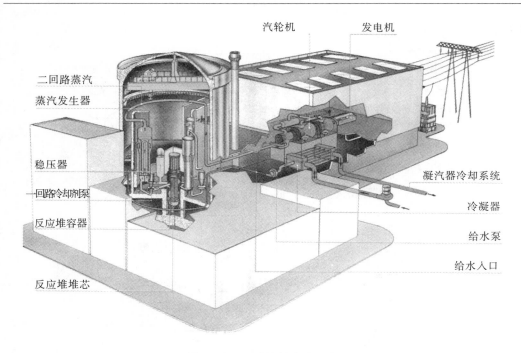

图 6-13　压水堆核电站示意图

1．一回路主系统

一回路主系统由核反应堆、主泵（冷却剂泵）、稳压器、蒸汽发生器及相应管道组成，如图 6-14 所示。一回路主系统的设备全都安置在安全壳内。

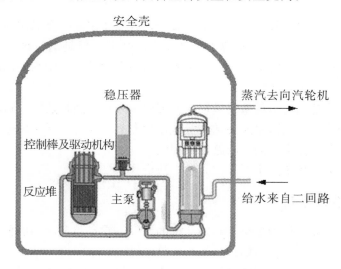

图 6-14　压水堆核电站一回路主系统

一个反应堆一般可以带一个或几个环路，每个环路上各有一台主泵和蒸汽发生器，但不论几个环路，稳压器都只有一个。图 6-15 为三环路的一回路主系统。

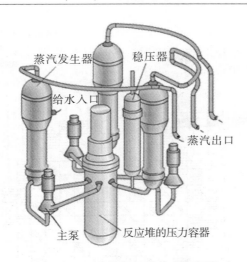

图 6-15 三环路的一回路主系统布置

1）反应堆

反应堆是产生、维持和控制链式核裂变反应的装置，主要由堆芯、堆内构件、反应堆压力容器和控制棒驱动机构组成，如图 6-16 所示。

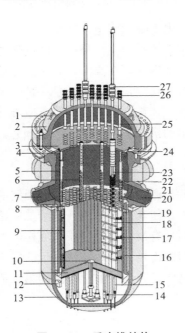

图 6-16 反应堆结构

1—吊装耳环；2—压力壳顶盖；3—导向管支承板；4—内部支承凸缘；5—堆芯吊篮；6—上支承柱；
7—进口接管；8—堆芯上栅格板；9—圈板；10—进出孔；11—堆芯下栅格板；12—径向支承件；
13—压力壳底封头；14—仪表引线管；15—堆芯支承柱；16—热屏蔽；17—围板；18—燃料组件；
19—反应堆压力壳；20—出口接管；21—控制棒束；22—控制棒导向管；23—控制棒驱动杆；
24—压紧弹簧；25—隔热套筒；26—仪表引线管进口；27—控制棒驱动机构

堆芯是反应堆的核心部件，是一个高温热源和强辐射源，核燃料在堆芯里实现裂变反应，释放核能，同时将核能转化为热能。堆芯由一定数目的燃料组件排列而成，而燃料组件则由若干燃料棒组合而成，如图 6—17 所示。

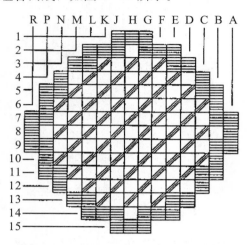

不同阴影表示不同的燃料富集度

图 6—17　堆芯燃料组件布置

堆内构件在反应堆压力壳内支撑和固定堆芯组件。

反应堆压力容器就是反应堆的压力壳，是一个圆筒形的高压容器。它是反应堆的外壳，将堆芯和堆内构件包裹在其内部，在高温、高压、受放射辐照的条件下工作。

反应堆内进行的是可控裂变反应，控制棒就是一种快速控制反应性的工具，通过它在堆芯的位置来控制反应速度，在正常运行时调节反应堆功率，事故工况下使反应堆迅速停堆，保证安全。控制棒驱动机构就是使控制棒在堆芯内提起、插入或保持在适当位置，从而实现反应性的控制。

2）蒸汽发生器

蒸汽发生器，顾名思义就是产生蒸汽的设备。一回路的冷却剂水在蒸汽发生器将热量传递给二回路的动力工质水，使其变成蒸汽，供给二回路的汽轮机。

流经堆芯的一回路冷却剂具有放射性，而压水堆核电站的二回路设备不应受到放射性污染，作为一、二回路之间的连接部分，蒸汽发生器属于反应堆冷却剂压力边界的组成部分，在一、二回路之间构成了防止放射性外泄的第二道安全屏障（第一道屏障燃料包壳，第三道屏障安全壳）。

蒸汽发生器分为立式和卧式两种，比较常用的是立式，如图 6—18 所示。

蒸汽发生器是压水堆核电站的重要设备之一，也是核电站主要设备中故障最多的设备。在压水堆核电站中，有关蒸汽发生器的故障是导致非计划停堆的主要原因之一。这是因为作为换热器的蒸汽发生器，为提高换热系数，管壁较薄，容易受到机械损伤和腐蚀；同时此处的温度高，功率密度又大；蒸汽发生器内的传热管面积很大，占到一回路承压边界总面积的将近 80%。因此，在核电站第二道安全屏障中，蒸汽发生器是一个薄弱环节。

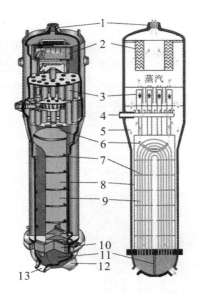

图 6-18　立式蒸汽发生器

1-蒸汽出口管嘴；2-蒸汽干燥器；3-旋叶式汽水分离器；4-给水管嘴；5-水流；6-防振条；
7-管束支撑板；8-管束围板；9-管束；10-管板；11-隔板；12-冷却剂出口；13-冷却剂进口

3）反应堆冷却剂泵

反应堆冷却剂泵又称主泵，每条环路上都有一台主泵，用于驱动冷却剂，使其在一回路管道中循环流动，连续不断地载出反应堆中热量。

主泵也是核电站的关键部件之一。主泵的工作条件苛刻，处于高温、高湿及高辐照环境下，由于泵驱动的是一回路带高放射性的冷却剂，因此密封性要求非常高，必须严格限制介质的泄漏。压水堆主泵有屏蔽泵和轴封泵两种，核电厂一般采用的是轴封泵。

4）稳压器

压水堆核电站的一个重要特征是在任何工况下反应堆堆芯内不允许出现大范围的饱和沸腾现象。如果发生沸腾，水中会产生气泡，两相汽水混合物的换热系数远远低于单相水，流经堆芯时的冷却效果不好，所以发生沸腾有可能使燃料棒过热甚至发生烧毁事故。为保证水不发生汽化，要求一回路冷却剂水的压力稳定。

稳压器是对一回路压力进行控制和超压保护的重要设备，如图 6-19 所示。稳压器的作用：①压力控制，维持一回路冷却剂压力在规定范围；②超压保护，防止一回路超压；③调节水位，稳压器还可以吸收一回路系统水容积的变化，起到缓冲的作用。

2. 一回路辅助系统

一回路辅助系统是核电站核岛的重要组成部分，保证反应堆和一回路主系统能正常运行，同时在事故工况下可以为核电站提供必要的安全措施，如任何情况下能使反应堆安全停堆，把核电站释放的放射性物质限制在规定范围内。

一回路辅助系统按照其基本功能可以分为如下三类：①反应堆装置的流体系统。这是为反应堆正常运行服务的，包括启动、停堆、功率运行、调试、换料及维修等，如化学和容积控制系统、硼回收系统、堆芯余热排出系统、设备冷却水系统、重要厂用水系统、取样系统等。②专设安全设施。在设计准则事故时，专设安全设施可以确保堆芯余热的排出和安全壳的完整性，保证反应堆安全停堆，同时控制放射性释放，限制事故的发展和减轻事故的后果，如安全注入系统、安全壳喷淋系统、安全壳隔离系统等。③放射性废物处理系统。用于收集、运送、储存、处理放射性废物，防止污染环境，保证厂区内外人员受到的剂量在允许范围，如废液处理系统、废气处理系统、固体废物处理系统等。

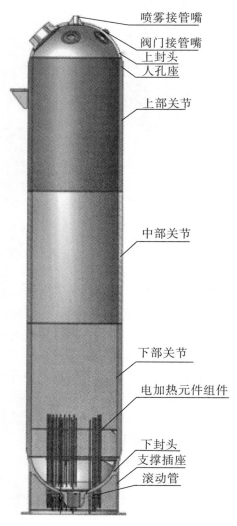

图 6—19　稳压器

1）化学和容积控制系统

化学和容积控制系统保证一回路必需的三种功能，即容积控制、化学控制和反应性控制。

当一回路的水温度发生变化时，回路中的水容积随之变化，而水容积的变化必然导致稳压器水位的波动。容积控制的目的是吸收稳压器不能全部吸收的一回路水容积的变化，将稳压器的水位维持在稳定值。

化学控制的目的是清除水里的杂质，维持一回路水的化学及放射性指标在限制范围内，主要是通过净化作用及添加化学药剂达到目的。

反应性控制是通过控制一回路水中硼的浓度，补偿反应堆运行中反应性的缓慢变化。反应性控制的措施包括加硼、稀释和除硼。

2）余热排出系统

反应堆停堆后，裂变反应虽然停止了，但是裂变产生的裂变碎片以及它们的衰变物在放射性衰变过程中释放的热量还存在，即为剩余功率，大约为稳定功率的百分之几。这部分剩余功率若不及时导出，也足以将堆芯烧毁。

核安全的主要问题之一就是在任何情况下保证核燃料所释放热量的载出。正常运行工况下，由冷却剂载出通过蒸汽发生器传递给二回路；当反应堆停堆后，由余热排出系统导出剩余功率，所以余热排出系统又叫反应堆停堆冷却系统。余热排出系统还兼有一个功能，当一回路系统发生失水事故时，它可以作为安全注入系统的一部分，将硼酸水注入堆芯。

3）设备冷却水系统

设备冷却水系统为核电站中接触放射性物质的设备或热交换器提供冷却水，如图6-20所示。设备冷却水系统实际上是一个闭式冷却水中间回路，它是核岛换热器与外界冷却水源的屏障，既可避免反射性流体释放到外界污染环境，又可防止外界冷却水（如海水）对设备的腐蚀。

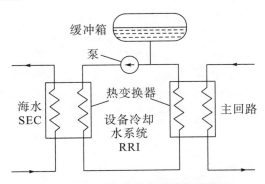

图6-20　设备冷却水系统作用原理

4）安全注入系统

安全注入系统又称为紧急堆芯冷却系统，其主要功能是：①当一回路系统发生破口失水事故时，将硼酸溶液注入堆芯；②当二回路主蒸汽管道破裂时，向一回路注入高浓度硼酸溶液，补偿因失控的慢化剂冷却而引起的这个反应性。典型的安全注入系统包括高压安全注入、中压安全注入和低压安全注入三个子系统，分别对应不同的一回路压力。

5）安全壳喷淋系统

安全壳对压水堆核电站具有特别重要的安全意义，它是阻挡来自反应堆的放射性物质泄漏到环境的最后一道屏障。当发生事故时，安全壳内出现压力过高的信号，喷淋系统会自动启动，从安全壳顶部喷出硼酸（降低链式反应速度）和氢氧化钠（除碘）的混合溶液，使安全壳降温、降压到可接受的水平，确保安全壳的完整性。图 6-21 为安全壳喷淋系统。

图 6-21　安全壳喷淋系统

3. 二回路系统

压水堆核电站二回路系统与常规电厂类似，由汽轮机、回热加热器、凝汽给水泵等设备组成，利用核蒸汽供应系统提供的蒸汽发电。

压水堆产生的蒸汽一般为参数较低的饱和蒸汽或微过热蒸汽，压力一般为 6～7 MPa（大亚湾核电站蒸汽发生器出口的蒸汽压力为 6.89 MPa，温度 283.6℃）。蒸汽参数低导致可用焓降小，汽耗大，所需蒸汽流量大。因此，核电站汽轮机的结构尺寸比常规电站汽轮机大；在高压缸后必须设置汽水分离再热器，保证汽轮机低压缸的安全性和经济性；常采用 1500 r/min 的半转速汽轮机。

6.3　核电站的安全性

在核电迅猛发展的今天，民众最关心的问题仍然是核电的安全问题：核电站的反应堆发会不会像核武器一样爆炸？答案是否定的！

核弹由高浓度的裂变物质（几乎是纯铀-235 或纯钚-239）和复杂精密的引爆系统组成，当引爆装置点火起爆后，弹内的裂变物质被爆炸力迅猛地压紧到一起，大大超过了临界体积，巨大核能在瞬间释放出来，于是产生破坏力极强的、毁灭性的核爆炸。核电反应堆通常采用天然铀或低浓度（约 3%）裂变物质作燃料，没有引爆系统，不具备核爆炸所必须的条件；同时，核电反应堆里进行的是可控式核裂变反应，它装备有安全可靠的控制系统，使核能缓慢地有控制地释放出来。因此，核电反应堆绝不会产生像核弹那样剧烈的核爆炸。

　　现有核电站是利用核裂变能。产生电能的系统，它既是一个巨大的热源，又是一个极强的放射性辐射源。核电站的放射性物质主要包括以下几种：

　　(1) 裂变反应和裂变产物所产生的中子和 γ 射线是反应堆中最大的辐射源。

　　(2) 反应堆内部的结构材料由于活化作用所产生的 γ 射线。

　　(3) 冷却剂流经反应堆堆芯时由于活化作用而产生的发射性核素。

　　辐射其实无处不在，人类其实一直生活在一个辐射环境中，放射性物质和辐射无处不有，每时每刻受到辐射。日常生活中辐射来自宇宙及自然界天然放射性核素（天然本底辐射），放射性物质存在于水、大气、土壤甚至食物当中。天然辐射源引起的辐射剂量对人类造成的影响远远高于人工辐射源。人体每年接受的辐射剂量约为 1 mSv，而实际上，人体一次能够耐受的最大辐射剂量为 0.25 Sv（按照各人的体质不同数据有所差异）。各类辐射源对人体造成的平均辐射剂量见表 6-6，急性全身照射对人体的损伤效应见表 6-7。

表 6-6　各类辐射源对人体造成的平均辐射剂量

辐射源	辐射剂量（mSv）
天然本底每年的辐射剂量	2.3
每天吸 20 支烟，一年所受辐射剂量	0.5~1
一次 X 射线胸透	0.05~0.15
在 200 MW 燃煤供热站周围居住一年	约 0.013
每天看 1 h 电视，一年收受剂量	约 0.01
乘飞机高空飞行 1 h	约 0.004
在 200 MW 低温核供热站周围 1 km 居住一年	约 0.005

表 6-7　急性全身照射对人体的损伤效应

可能发生的人体效应	辐射剂量（Sv）
没有可觉察临床效应	0.00~0.25
可以引起血液的变化，但无严重伤害	0.25~0.50
血球发生变化且有一些损害（淋巴细胞和中性粒细胞减少），但无倦怠感，可从事一般性工作	0.50~1.00
损伤，恶心疲乏、全身无力，可能出现远期效应	1.00~2.00
损伤、全身无力、食欲减退、周身不适、脱毛、发烧、出血斑、口腔和咽喉发炎、腹泻消瘦等，体弱的人可能死亡，一般人 3 个月后恢复	2.00~4.00
症状同上，死亡率 50%，存活者半年后恢复	4.00
恶心呕吐和腹泻、出血、紫癜、口腔和咽喉发炎、高烧和消瘦，死亡率 100%	>6.00
死亡率 100%（30 天内）	10.00

6.3.1 核电站设计的安全目标、原理和方法

由于核电站在运行过程中会产生极高的辐射，因此，对核电站的设计有极其严格的要求。

1. 安全目标

（1）防止反应堆运行中产生的放射性物质向环境作危险释放。

（2）使公众和厂区人员所受的照射在所有运行工况下保持在合理可行尽量低的水平。

2. 核电站安全性设计原理

核电站安全性从"充分预防发生"和"尽量限制后果"两个方面来保证，具体从设计、制造、建设和运行等各方面落实相应技术措施和规章条例。

1）放射性防护

在放射性源和人所处环境之间设置多道屏障，确保公众和厂区人员所受放射性剂量在所有运行工况下不超过规定限值。

对事故工况辐射的预防措施要予以重点考虑，当这种措施失效时，要提供其他有效措施减轻其后果，确保公众和厂区人员所受放射性剂量不超过安全限值。

2）纵深防御

（1）预防——消除事故根源。核电站系统和设备的设计必须是安全的，关键材料和设备必须具备足够的安全裕度和充分的有效性，这是确保安全的首要条件。

（2）监控检测——防止异常工况扩大为事故。监测的目的是及时发现和纠正偏离正常运行工况，防止预计运行事件升级为事故工况。必须有完整的保护系统，在运行参数超过正常限值时能发出报警信号、自动降低功率或紧急停堆等；设置多重独立的安全保护和控制系统、严格的操作规程和设备在役检查。

（3）安全防护——减小事故危害。针对可能发生的各类事故，在事故工况后能达到稳定的、可以接受的工况，设置专设安全设施，如安全注射系统、安全壳隔离系统、消氢系统以及安全可靠的多重电源、各种消防、应急措施等。

3）安全分析

设计中对各种假想始发事件（如设备故障、人员差错、人为事件、自然事件）及其可能的组合予以认真分析，并根据分析结果采取恰当的应急措施。

4）安全功能及安全等级

根据核电站安全可靠运行所必需的安全功能来设置必要的系统和设备，并根据各系统和部件所执行的安全功能的重要性将它们分成不同安全等级，确定不同的规范等级、抗震类别和质量分组。

图6-22为核电站安全性设计原理。

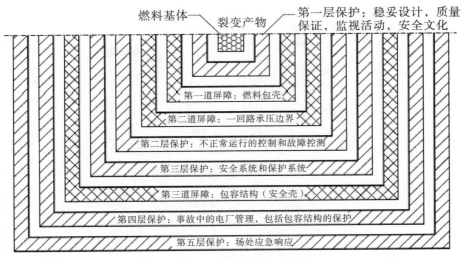

图 6-22　核电站安全性设计原理

3. 安全性设计的基本方法

(1) 多重性。

(2) 单一故障原则。

(3) 多样性。

(4) 独立性。

(5) 故障安全设计。

(6) 必要和可靠的辅助设施。

4. 压水堆核电站事故防护的安全措施

核电站在设计上具有事故工况下防止放射性污染物泄露的措施，特别是第三代核电机组，在安全方面的可靠程度远高于其他能源生产形式，事故率是非常低的。

压水堆核电站是目前在役核电机组中所占比重最大的一种类型，为防止放射性物质外泄，压水堆核电站在设计中考虑了多重安全措施。核电站反应堆可能出现的最严重事故是反应堆失去了所有的冷却能力导致堆芯全部熔毁，堆芯熔毁→燃料包壳损坏→一回路压力边界遭到破坏→安全壳破损→放射性物质外泄或可能爆炸。从目前的核电技术及已有的电站运行经验来看，发生这种事故的可能性非常小，由于设置了多重多样安全措施，即使万一发生了堆芯熔化事故，放射性物质外泄释放量仍然可以限制在安全许可的限度内。

1) 多重安全屏障（见图 6-23）

第一道屏障：燃料包壳。

实际上，这里包含了两重安全屏障。

一是燃料芯块。核燃料存放在氧化铀陶瓷芯块中，使得大部分裂变产物和气体产物有 98％以上保存在芯块内。

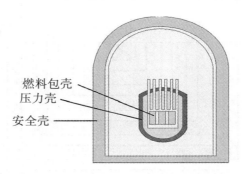

图 6—23　压水堆核电站的多重安全屏障

二是燃料包壳。燃料芯块密封在锆合金管制成的包壳中,构成燃料棒。锆合金材料耐高温、耐腐蚀、不溶于水,性能稳定,可将放射性物质密封在内。

第二道屏障:一回路压力边界。

一回路压力边界主要包括高强度的压力壳和一回路管道。多根燃料棒组成燃料组件,燃料组件被放置到厚约 200 mm 的高强度压力壳中,万一燃料包壳受损,放射物质漏到冷却剂中,它仍被限制在压力壳和一回路管道组成的第二道屏障内;压力容器和整个一回路都能耐高温、高压,并包容放射性物质。

第三道屏障:安全壳。

安全壳是一个顶部为球形的圆柱体状的钢筋混凝土建筑物,反应堆及所有的一回路重要设备均安置在安全壳内。安全壳一般内衬钢板,顶部呈半球形,内径约 40 m,高 60~70 m,壁厚约 1 m,非常坚固。安全壳具有良好的密封性,并能承受极高的内压和温度,即使发生最严重的反应堆堆芯熔毁事故,也不会发生放射性物质泄漏。而安全壳的外部也能承受住各种外压及冲击(如飞机的撞击),可以应对多种极端状况。

2)多重安全控制系统

为防止放射性物质的泄漏,核电站一般设有多重安全控制系统,通常包括以下几个层次的内容:

(1)快速停堆信号系统。

监测到有损于反应堆安全的异常状态时,发出警报,提供紧急动作信号,如插入控制棒、主蒸汽隔离阀快速关闭等。

(2)堆芯危急冷却系统。

当冷却剂管道破裂,反应堆危急时投入,防止堆芯过热引起燃料包壳破损和堆芯元件熔毁。

(3)紧急停堆系统。

备用的一套停堆系统,在控制棒失效时可快速投入。

6.3.2　核电站放射性"三废"的管理

所有的工业设施在生产过程中都会产生一些废物,比如粉尘、热量或其他一些化合物。由于存在核裂变产物、腐蚀产物以及冷却剂的活化,核电站会产生一些带放射性的废物。核电站的"三废"是指正常运行时核反应过程中产生的废气、废液和固体废物,对环境的放射性危害主要来自"三废"的排放。为保护环境、防止工作人员和公众受到过量放射性辐射，核电站在排出或再利用这些放射性废物之前，必须要采取必要的措施对其进行处理，经监测符合有关标准后再进行排放或回收再利用。

核电厂放射性"三废"的处理工艺可归纳为浓缩储存和稀释排放两种。核电站三废处理的一般方式如下。

（1）放射性废气的处理：经洗涤、衰减过滤之后排入大气。

（2）放射性废液的处理：储存、蒸发、凝聚、沉淀、离子交换、过滤，处理后的液体排放至环境；分离出来的有害物质经固化和浓缩，与固体废物一样储藏，最后投至深海或地下长期储存。

（3）放射性固体废物的处理：其中的可燃物煅烧，非可燃物桶装固化处理后与可燃物的灰一起储藏，最后投至大海或地下长期储存。

6.3.3　典型核事故

国际原子能机构（IAEA）将发生的核事件分为 0～7 八个等级，见表 6-8。

表 6-8　国际核事件分级

级别	程度	描述	实例
7 级	特大事故	核裂变产物大量逸出至厂区外；有急性健康影响效应，在广大地区（涉及邻国）有慢性健康影响效应；有长期的环境后果	1986 年苏联切尔诺贝利事故；2011 年日本福岛事故
6 级	严重事故	明显向厂区外逸出裂变产物；需全面实施当地应急计划	1957 年苏联克什姆特的后处理厂事故
5 级	有厂外危害的事故	有限地向厂区外逸出裂变产物；需要部分实施当地应急计划（如就地隐蔽或撤离）；由于机械效应或熔化，堆芯严重损坏	1979 年美国三里岛事故
4 级	无明显厂外危害的事故	少量放射性向厂区外逸出；除了当地食物要控制外一般不需要厂区外防护措施；堆芯有某些损坏；工作人员受到 1 Sv 量级剂量辐照，可能导致急性健康影响效应	
3 级	重大事件	极少量放射性向厂区外逸出；无须厂外防护措施；厂区内严重污染；工作人员受到过量照射；接近事故状况——丧失纵深防御措施	1989 年西班牙范德格核电厂事故
2 级	事件	不直接或立即影响安全，但有潜在安全影响	
1 级	异常事件	没有危险，由于设备故障、人为失误或程序不当造成偏离正常的功能范围	
0 级	无安全意义	偏离	

核电站自 1954 年开始运行至今，发生过三次较严重的放射性物质外泄事故，即 1979 年美国三里岛核电站、1986 年苏联切尔诺贝利核电站、2011 年日本福岛核电站。

1. 三里岛核事故（压水堆核电站）

危机级别：5 级。

美国三里岛核电站二号堆于 1979 年 3 月 28 日发生了堆芯失水而熔化和放射性物质外逸的重大事故。三里岛核事故是管理与操作失误与多个设备故障叠加而导致小故障演变为重大核事故的经典案例。

由于二回路的给水泵发生故障，二回路的事故冷却系统自动投入，但因前些天工人检修后未将事故冷却系统的阀门打开，致使事故冷却系统自动投入后，二回路的水仍断流，导致堆内温度和压力升高后，反应堆自动停堆，卸压阀也自动打开卸压，放出堆芯内的部分汽水混合物。当反应堆内压力下降至正常时，卸压阀却由于故障未能自动回座，使堆芯冷却剂继续外流，压力降至正常值以下，于是应急堆芯冷却系统自动投入，但操作人员判断失误，未判明卸压阀没有回座，反而关闭了应急堆芯冷却系统，停止了向堆芯内注水。这一系列的管理和操作上的失误与设备上的故障交织在一起，使一次小的故障急剧扩大，造成堆芯熔化的严重事故。

但值得庆幸的是，在这次事故中，主要的工程安全设施全部自动投入，同时由于反应堆有几道安全屏障（燃料包壳、一回路压力边界和安全壳等），因而核辐射控制在很小的范围内，无一伤亡，对环境和居民几乎没有造成任何危害，对环境的影响也不大，在事故现场，只有 3 人受到了略高于半年的允许剂量的照射。这座压水堆核电站的安全设施起到了设计预期的作用，因而避免了一次严重事故。

图 6-24 为美国三里岛核电站。

图 6-24　美国三里岛核电站

2. 切尔诺贝利核事故（沸水堆核电站）

危机级别：7 级。

1986 年 4 月 26 日凌晨，苏联切尔诺贝利核电站反应堆发生了严重泄漏及爆炸事故，这是迄今为止世界核电史上最为严重的一次核事故。这次灾难所释放出的辐射线剂量是广岛原子弹的 400 倍以上，8 吨多强辐射物质泄露，致使许多地区遭到核辐射的污染。事故导致 31 人死亡，上万人由于放射性物质的长期影响而致命或患重病，至今仍有被放射影响而导致畸形胎儿的出生。

1986 年 4 月 25 日，切尔诺贝利核电站 4 号反应堆预定关闭以作定期维修。但是因为操作失误，机组能量输出功率剧增导致 4 号反应堆过热，燃料棒开始熔化而蒸汽压力迅速增加并引发爆炸，使反应器顶部移位和受破坏，冷却剂管道爆裂并在屋顶炸开一个洞。放射性污染物之后进入大气，燃料棒碎片也散落在附近区域。

苏联共动员应急处理 20 万人，参加清理人员 80 万人，4 小时将大火扑灭，30 公里范围内撤走 27 万居民。事故发生后，出动 300 多架直升机，向反应堆堆芯部分投下1000 多吨砂子，5000 多吨黏土、硼砂、白云石、石灰石和铅等，形成防护层。后来在反应堆的六个面又安装了 6000 多吨金属结构，用 1 m 厚的混凝土封起来，被称为"石棺"。

事故现场有 2 人死于化学爆炸，参与灭火的消防人员和厂内职工有 29 人因患急性放射病在数周内死亡，共死亡 31 人。499 人住院观察，其中 237 人有急性放射病症状，最后确诊为急性放射病患者 134 人，其中有 14 人在 10 年内死亡。

图 6—25 为苏联切尔诺贝利核电站的"石棺"。

图 6—25　苏联切尔诺贝利核电站的"石棺"

3. 福岛第一核电站事故（沸水堆核电站）

危机级别：7 级。

福岛第一核电站采用的是 20 世纪 70 年代设计的沸水堆，为单层循环沸水堆，安全性能并不先进，其冷却系统在失去厂用电时必须有外部电源的情况下才能投入。地震、海啸发生后，反应堆自动关闭。由于外部电源缺失，反应堆停水，堆芯温度上升，核燃料部分烧毁，发生爆炸，放射性物质外泄。

6.4　核电技术发展趋势

目前作为主要能源的常规化石燃料储量有限且对环境有污染排放，而太阳能、风能、水电等新能源的可装机容量有限，只能充当补充能源的角色。而核能作为一种清洁安全的能源日益受到重视，尤其如果可控核聚变反应可以大规模应用，这将会从根本上解决人类的能源问题。

能源短缺和环境恶化问题促使人们重新思考核电，世界核电建设再次升温，核电技术开始了新的发展。

6.4.1　第三代核电技术成为发展主流

第三代核电技术是在更高安全性和经济性要求下出现的新一代先进核电技术，它在经济上具有与联合循环的天然气机组竞争的优势，在能量转换系统方面大量采用经过验证的第二代成熟技术。在安全性方面，第三代核电技术把设置预防和缓解严重事故作为设计核电站必须满足的条件。

第三代核电技术中最具代表的是美国西屋公司的先进非能动压水堆（AP1000），也即是第三代＋核电机组。AP1000利用了更多的非能动技术，利用自然界的固有规律来保障核电站安全，从根本上革新了核电厂的安全性设施设计：利用物质的重力、流体的自然对流、扩散、蒸发、冷凝的原理在危急事故时冷却反应堆，带走堆芯余热。按非能动思想设计的核电站，减少了设备部件，系统简单，又大大提高了安全性。

目前世界上核电发达国家在建及拟建的核电站几乎都采用的是第三代核电机组，第三代核电技术已成为当今核电发展的主流。

6.4.2　先进核能系统——第四代核电技术

1999年6月，美国能源部（Department of Energy，DOE）首次提出了第四代核电站的倡议。2000年1月，在美国的倡议下，美国、英国、瑞士、南非、日本、法国、加拿大、巴西、韩国和阿根廷共10个有意发展核能的国家，联合组成了"第四代国际核能论坛"（GIF），在发展核电方面达成共识，其基本思想：全世界（特别是发展中国家）为社会发展和改善全球生态环境需要发展核电；第三代核电还需改进；发展核电必须提高其经济性和安全性，并且必须减少废物，防止核扩散；核电技术要同核燃料循环统一考虑。

第四代技术已不仅仅局限于核电技术，而是提出了更具有整体意义的"核能系统"概念。可以期待，第四代核能系统将会是具有更好的安全性、经济竞争力，核废物量少，可有效防止核扩散的先进核能系统，代表了先进核能系统的发展趋势和技术前沿。

2002年GIF经过讨论，一致同意开发以下六种第四代核电站概念堆系统。

1. 气冷快堆系统

气冷快堆（Gas-cooled Fast Reactor，GFR）系统是快中子谱氦冷反应堆，采用闭式燃料循环，燃料可选择复合陶瓷燃料。它采用直接循环氦气轮机发电，或采用其工艺热进行氢的热化学生产。参考反应堆是 288 MW 的氦冷系统，出口温度为 850℃。

2. 铅合金液态金属冷却快堆系统

铅合金液态金属冷却快堆（Lead-cooled Fast Reactor，LFR）系统是快中子谱铅（铅/铋共晶）液态金属冷却堆，采用闭式燃料循环，以实现可转换铀的有效转化，并控制锕系元素。燃料是含有可转换铀和超铀元素的金属或氮化物。

3. 熔盐反应堆系统

熔盐反应堆（Molten Salt Reactor，MSR）系统是超热中子谱堆，燃料是钠、锆和氟化铀的循环液体混合物。熔盐燃料流过堆芯石墨通道，产生超热中子谱。MSR 系统的液体燃料不需要制造燃料元件，并允许添加钚这样的锕系元素。锕系元素和大多数裂变产物在液态冷却剂中会形成氟化物。熔融的氟盐具有很好的传热特性，可降低对压力容器和管道的压力。参考电站的功率水平为 1000 MW，冷却剂出口温度为 700℃～800℃，热效率高。

4. 液态钠冷却快堆系统

液态钠冷却快堆（Sodium-cooled Fast Reactor，SFR）系统是快中子谱钠冷堆，它采用可有效控制锕系元素及可转换铀的转化的闭式燃料循环。SFR 系统主要用于管理高放射性废弃物，尤其在管理钚和其他锕系元素方面。该系统由于具有热响应时间长、冷却剂沸腾的裕度大、一回路系统在接近大气压下运行，以及该回路的放射性钠与电厂的水和蒸汽之间有中间钠系统等特点，因此安全性能好。

5. 超高温气冷堆系统

超高温气冷堆（Very High Temperature Reactor，VHTR）系统是一次通过式铀燃料循环的石墨慢化氦冷堆。该反应堆堆芯可以是棱柱块状堆芯（如日本的高温工程试验反应器 HTTR），也可以是球床堆芯（如中国的高温气冷试验堆 HTR-10）。VHTR 系统提供热量，堆芯出口温度为 1000℃，可为石油化工或其他行业生产氢或工艺热。该系统中也可加入发电设备，以满足热电联供的需要。参考堆采用 600 MW 堆芯。

6. 超临界水冷堆系统

超临界水冷堆（Super Critical Water-cooled Reactor，SCWR）系统是高温高压水冷堆，在水的热力学临界点（374℃，22.1 MPa）以上运行。超临界水冷却剂能使热效率提高到轻水堆的约 1.3 倍。该系统的特点是：冷却剂在反应堆中不改变状态，直接与能量转换设备相连接，因此可大大简化电厂配套设备。燃料为铀氧化物。参考系统功率为 1700 MW，运行压力为 25 MPa，反应堆出口温度为 510℃～550℃。

在在第四代核电机组的研发中，我国走在了世界前列。清华大学 10WM 高温气冷实验堆是我国自主研发、自主设计、自主制造、自主建设、自主运行的世界上第一座具有非能动安全特性的模块式球床高温气冷堆，各项技术指标均达到世界先进水平，为商业化奠定了坚实的基础。2012 年 12 月 9 日，中国自主研发的世界首座具有第四代核电特征的高温气冷堆核电站在山东省荣成市的石岛湾核电站开工建设。石岛湾核电站是中国拥有自主知识产权的第一座高温气冷堆示范电站，也是世界上第一座具有第四代核能系统安全特性模块式高温气冷堆商用规模示范电站；计划投资 40 亿元建设一台 20 万千瓦高温气冷堆核电机组，预计 2017 年年底前投产发电。高温气冷堆将成为我国未来核能系统的首选堆型之一。

6.4.3 可控核聚变发电

核能包括核裂变能和核聚变能两种，目前的核能利用一般指的是核裂变能。

核聚变是指两个或两个以上的轻原子核碰撞结合生成较重原子核的过程中释放的能量。太阳就是在不停地进行着氢核聚变反应，为地球万物输送赖以生存的能量。核聚变反应释放的能量比核裂变反应释放的能量大得多。海水中氘的含量为 0.034 g/L，1 L 海水中的氘发生聚变释放的能量相当于 300 L 汽油。核聚变能可以认为是一种取之不尽用之不竭的能源，这是能从根本上解决人类社会能源问题的一种能源。当然这一切的前提是人类能够实现可控的核聚变反应。

什么是可控核聚变呢？一个形象的比喻就是：可控核聚变＝"把火点着"＋"别把锅烧穿"。实际上，可控核聚变反应一直以来都是全球的研究热点问题，如今，在实验室中，要实现聚变反应是一件比较容易的事情，但是作为能源使用需要实现的可控反应至今仍未能实现。

要实现可控核聚变反应，需要产生具有一定密度，并加热到 1 亿摄氏度以上的高温的等离子体，同时还要维持一段时间使其能够发生聚变，从而输出聚变能。自 20 世纪 50 年代初开始的可控核聚变反应研究，目前具有代表性的成果是激光核聚变和托卡马克核聚变装置（环流器）。

当前开展核聚变研究规模最大的国际合作项目是国际热核实验堆（International Thermonuclear Experimental Reactor，ITER），这个计划是从 1985 年开始的，我国于 2006 年正式参与该项计划。ITER 的主要目的是实现氘氚燃料点火并持续燃烧，其未来发展计划包括一座原型聚变堆在 2025 年前投入运行，一座示范聚变堆在 2040 年前投入运行。图 6-26 为以超导托卡马克聚变堆为基础的未来聚变能电站发电原理。

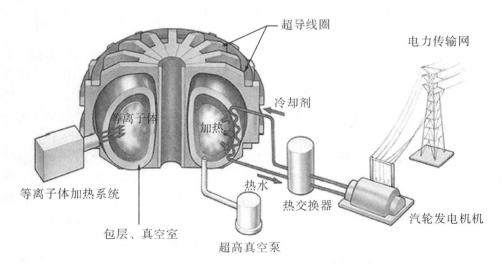

图 6-26 以超导托卡马克聚变堆为基础的未来聚变能电站发电原理

在核聚变能利用还在探索研究路途中，还会碰到不少困难，但是我们有理由相信，核聚变能的和平利用目标一定会实现，聚变能最终将会作为新的能源为人类所用。

参考文献

[1] 黄素逸，高伟. 能源概论 [M]. 北京：高等教育出版社，2004.

[2] 田士豪，陈新元. 水利水电工程概论 [M]. 北京：中国电力出版社，2005.

[3] 林继镛. 水工建筑物 [M]. 5 版. 北京：中国水利水电出版社，2009.

[4] 马善定，汪如泽. 水电站建筑物 [M]. 2 版. 北京：中国水利水电出版社，1996.

[5] 刘启钊. 水电站 [M]. 3 版. 北京：中国水利水电出版社，1998.

[6] 刘大恺. 水轮机 [M]. 3 版. 北京：中国水利水电出版社，1997.

[7] 郑源，鞠小明，程云山. 水轮机 [M]. 北京：中国水利水电出版社，2007.

[8] 陈造奎. 水力机组安装与检修 [M]. 3 版. 北京：中国水利水电出版社，1997.

[9] 骆如蕴. 水电站动力设备设计手册 [M]. 北京：中国水利水电出版社，1990.

[10] 水电站机电设计手册编写组. 水电站机电设计手册——水力机械 [M]. 北京：中国水利电力出版社，1989.

[11] 沈祖诒. 水轮机调节 [M]. 3 版. 北京：中国水利水电出版社，1998.

[12] 范华秀. 水力机组辅助设备 [M]. 2 版. 北京：中国水利水电出版社，1987.

[13] 龙建明，杨絮. 水电站辅助设备 [M]. 郑州：黄河水利出版社，2009.

[14] 翁史烈. 热能与动力工程基础 [M]. 北京：高等教育出版社，2004.

[15] 王承阳. 热能与动力工程基础 [M]. 北京：冶金工业出版社，2010.

[16] 付忠广. 动力工程概论 [M]. 北京：中国电力出版社，2007.

[17] 康松. 汽轮机原理 [M]. 北京：中国电力出版社，2000.

[18] 靳智平，王毅林. 电厂汽轮机原理及系统 [M]. 2 版. 北京：中国电力出版社，2006.

[19] 于瑞侠. 核动力汽轮机 [M]. 哈尔滨：哈尔滨工程大学出版社，2000.

[20] 广东核电培训中心. 900 MW 压水堆核电站系统与设备 [M]. 北京：原子能出版社，2005.

[21] 张晓东. 核能及新能源发电技术 [M]. 北京：中国电力出版社，2008.

[22] 朱华. 核电与核能 [M]. 杭州：浙江大学出版社，2009.

[23] 孙海彬. 电力发展概论 [M]. 北京：中国电力出版社，2008.

[24] 钱伯章. 氢能与核能技术与应用 [M]. 北京：科学出版社，2010.

[25] 孙汉虹. 第三代核电技术 AP1000 [M]. 北京：中国电力出版社，2010.

[26] 杨义波. 热力发电厂 [M]. 2 版. 北京：中国电力出版社，2010.